中国蜜蜂资源与利用丛书

蜂花粉

Bee Pollen

胡 菡 编著

中原农民出版社

·郑州·

图书在版编目（CIP）数据

蜂花粉 / 胡菡编著 . —郑州：中原农民出版社，
2018.9
（中国蜜蜂资源与利用丛书）
ISBN 978-7-5542-1995-9

Ⅰ . ①蜂… Ⅱ . ①胡… Ⅲ . ①蜂产品 – 花粉 – 加工
Ⅳ . ① S896.4

中国版本图书馆 CIP 数据核字（2018）第 191894 号

蜂花粉

出 版 人　刘宏伟
总 编 审　汪大凯

策划编辑　朱相师
责任编辑　肜　冰
责任校对　张晓冰
装帧设计　薛　莲

出版发行　中原出版传媒集团　中原农民出版社
　　　　　　（郑州市经五路66号　邮编：450002）
电　　话　0371-65788655
制　　作　河南海燕彩色制作有限公司
印　　刷　北京汇林印务有限公司
开　　本　710mm×1010mm　1/16
印　　张　7.5
字　　数　79千字
版　　次　2018年12月第1版
印　　次　2018年12月第1次印刷

书　　号　978-7-5542-1995-9
定　　价　39.00元

前 言
Introduction

　　蜂花粉是蜜蜂从显花植物花药内采集的花粉粒，除含有一般花粉的成分外，还含有少量花蜜和蜜蜂的唾液等分泌物。我国幅员辽阔，地跨亚热带、热带、温带三个气候带，孕育了丰富的蜜、粉源植物，也生产出种类繁多的可商品化蜂花粉。早在 2 000 年前，我们的祖先就已经开始认识和利用蜂花粉。我国是世界上最早人工采集和利用花粉作为食疗佳品的国家之一。近 20 年来，人们开始用蜂花粉作为营养补剂，用于保健品及化妆品的生产，也用于心血管病、前列腺炎等疾病的临床治疗等。

　　蜂花粉来源于大自然，营养丰富而全面，包含着孕育新生命所必需的全部营养物质：蛋白质、氨基酸、维生素、微量元素、活性酶、黄酮类化合物、脂类、核酸等。其中，氨基酸含量及比例是最接近联合国粮农组织（FAO）推荐的氨基酸模式，这在天然食品中极其少见。因而，蜂花粉既是极好的天然营养食品，同时也是一种理想的滋补品，具有一定的保健和医疗功效。蜂花粉的种类繁多，所含营养成分存在差异，其功能也有不同。同时，蜂花粉易获取、易保存，且食用简单，极易被人体所吸收，为百姓日常食疗佳品。因此，本书采用大量图片和科学文献数据，从蜂花粉的起源、蜂花粉的营养、蜂花粉的种类和功效、蜂花粉的质量控制四个专题进行介绍，意在帮助读者认识蜂花粉，了解蜂花粉的妙用，从而正确食用蜂花粉。

本书的编写得到国家现代蜂产业技术体系（CARS-44-KXJ14）和中国农业科学院科技创新工程项目（CAAS-ASTIP-2015-IAR）的大力支持。

由于水平有限，书内疏漏、欠妥之处在所难免，恳请专家、读者不吝赐教。另外，在本书的编写过程中引用了一些珍贵图片，在此表示感谢。

编者

2018 年 6 月

目　录
Contents

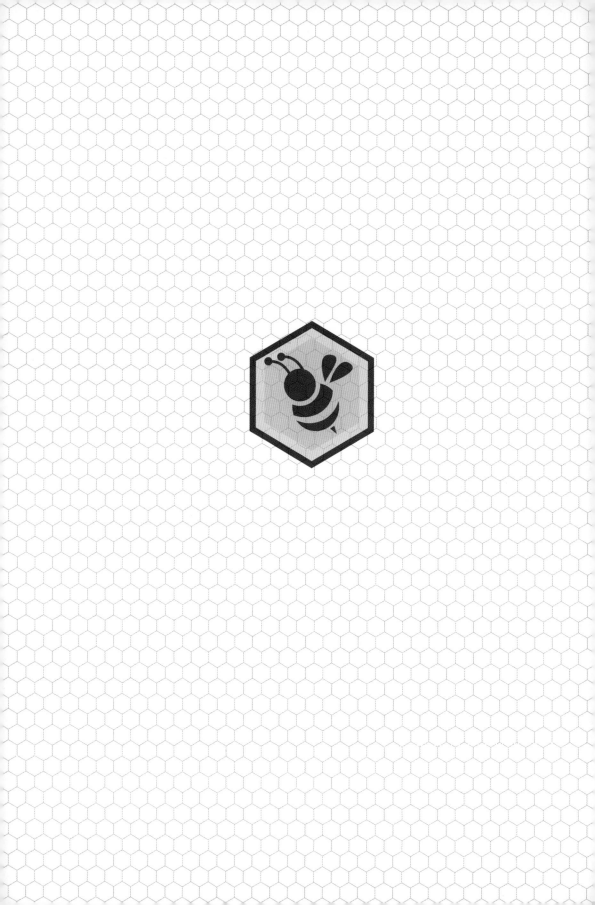

专题一

蜂花粉的起源

在自然界长期的协同进化过程中，开花植物和传粉蜜蜂之间形成了相互依存、互惠互利的关系。蜜蜂以植物的花粉和花蜜为食，通过采集花粉，为植物传粉授精。蜂花粉，是蜜蜂从显花植物花药内采集的花粉粒，用于维持生活和繁衍后代，随后被人类发现和收集，成为人类的营养品。

一、认识蜂花粉

花粉，是植物有性繁殖的雄性配子体。蜜蜂采集回巢的花粉，称为蜂花粉。蜂花粉，是蜜蜂从显花植物——蜜、粉源植物花药内采集的花粉粒，经过蜜蜂向其内部加入花蜜与唾液，混合成不规则扁圆形的、带有蜜蜂后肢嵌挟痕迹的团状物。蜂花粉中除含有一般花粉的成分外，还含有蜜蜂在采集过程中加进去的少量花蜜和分泌物。因此，蜂花粉与一般花粉的成分略有差异。花粉是蜜蜂的食粮，在蜜蜂采集花粉过程中，无意间也给植物进行了异花授粉。一群蜂每年可采集花粉 30～40 千克，蜂群每年自身需要消耗 25～30 千克，因此，多余的花粉往往被人们采收下来作为人类的营养品。

由于花粉对蜂群的繁殖和发展非常重要，所以蜂群采集花粉也是积极的。工蜂高度特化的足构造，就是为了适应采集花粉，并把它携带回巢。前足的跗刷可刷集头部、眼部和口部的花粉粒。前足的净角器可将触角上所黏附的花粉或杂质清理干净。中足跗刷可清理、刷集胸部的花粉粒。中足的胫距，对清理翅膀和气门有作用。后足的花粉筐有集中花粉成团携带回巢的作用。后足的花粉耙和耳状突具有把花粉耙集推挤，使之成团聚在花粉筐中的作用。后足花粉栉也有梳集花粉之功能。

当蜜蜂在花上采集花粉时，花粉黏在口器上，并且完全被蜜蜂唾液润湿透。也有大量花粉脱离花药，附着在蜜蜂多毛的足和身体上。蜜蜂在花上停留为采集更多的花粉，在空中盘旋时，用前足将潮湿的花粉从口器移下来，附着在头部毛上的干花粉也用前足移下来，一并加到被口器浸湿的花粉里。第二对足从胸部和腹部收集游离的花粉，并从第一对足接受所收集到的花粉。从前足接受花粉的同时，同一边的中足伸向前方，与前足摩擦，把有黏性的花粉聚集到第二对足跗节的内侧，然后再转到一对后足内侧的花粉栉上，接着把花粉传递到后胫节向外面的花粉筐里。每加入一点新的花粉，都被推到上次移来的花粉上面，足抽动一次，便把少量花粉加进去，两只足上的花粉就逐渐膨胀起来。最后两只后足各装载一个花粉团，由胫节隆起边缘的反曲毛把它们固定住。若花粉团很大时，这些毛被埋在花粉团里面，使花粉团突出到胫节边缘之外（图1-1至图1-3）。载满花粉团的蜜蜂飞向蜂箱，在巢门口遇到花粉截留器时，两个花粉团就被截留下来，成为人类营养品的商品蜂花粉（图1-4、图1-5）。当蜜蜂载满花粉回到巢上时，找到合适巢房就把花粉团卸到巢房里。它用两只前足抓住巢房的一个边，并弯着它的腹部，使其后端靠在巢房对面的边上。蜜蜂的两只后足塞进巢房里，自由地悬挂着。两面的中足提了起来，它的基跗节和后足的胫节上端相接触。这时中足在花粉团和花粉筐表面之间推动，促使花粉团向外和向下撬开，跌入巢房里，然后两只后足进行清理动作，去掉残留的花粉。

图1-1 蜜蜂采集花粉(1)（李建科 摄）

图1-2 蜜蜂采集花粉(2)（李建科 摄）

图1-3 蜜蜂采集牡丹花粉（胡菡 摄）

图 1-4 花粉截留器脱粉

图 1-5 收集蜂花粉（张旭凤 摄）

二、我国主要的蜜、粉源植物及分布

一般蜜源植物既能分泌花蜜，又能散发花粉。当然，有的植物的花散发的花粉量多，有的植物的花散发的花粉量少，另有一些植物的花无蜜腺，不能分泌花蜜，但雄蕊花药里花粉丰富，可散发大量花粉，我们称它为粉源植物。事实上，花粉来自蜜源植物和专门的粉源植物。

我国地跨热带、亚热带、温带三个气候带，各个气候带所处的地理位置和生态条件不同，气候变化千差万别，因而构成蜜、粉源植物的种类繁多，分布也极为广泛。据现有调查资料推算，目前我国能被蜜蜂利用的蜜粉源种类有 5 000 种以上，能取到商品蜜的蜜源植物也有 100 多种。我国 24 种主要蜜源植物分布面积达 4 亿多亩，其中农田蜜源植物占 60%，林地、草地蜜源植物约占 30%，其他地方蜜源植物约占 10%。从目前看，我国大部分商品蜂花粉主要来自蜜源植物，如油菜、紫云英、向日葵、荞麦等。这些蜜源植物泌蜜量大，又具有丰富的花粉。也有泌蜜少、花粉量多的蜜源植物，如蚕豆、紫穗槐、椰子树、柠檬等。不分泌花蜜，只提供花粉的蜜源植物也很多，主要为禾本科。已利用较好的粉源植物有玉米、高粱、水稻以及马尾松等。我国蜂花粉的开发和利用仅仅是开端，蜂花粉的利用量不大，需要进一步开发利用，才能充分利用我国丰富的粉源资源。

目前，我国能够组织蜜蜂采集形成商品化蜂花粉的作物有：

1. 油菜（别名：芸薹、菜薹）

油菜是十字花科一年或二年生草本植物，有白菜型、芥菜型、甘蓝型3 种，花粉为黄色，近球形。油菜是我国主要的油料作物，也是我国著名的蜜、粉源植物之一（图 1-6）。油菜广泛分布于我国各地，按生长季节不同，可分为冬油菜和春油菜两大区。冬油菜主要集中在长江流域，种植面积占全国的 90% 左右；春油菜主要在青海、甘肃、内蒙古、新疆和辽宁等省、自治区，种植面积占全国的 10%。

图 1-6　油菜（胡菡　摄）

油菜花期，因类型、品种和分布以及气候、土壤、水分等不同而不同。白菜型最早，芥菜型次之，甘蓝型最晚。始花期白菜型在长江以南 1～2 月，华北 4～5 月，西北和东北 5～6 月；芥菜型和甘蓝型，长江以南 3～4 月，长江以北 4～5 月，西北和东北则主要迟至 6～7 月。油菜花期长达 25～30 天，品种较多的地区能延续 40 天左右。油菜花蜜、粉丰富（图 1-7、图 1-8），白天开花，多集中在上午，并以 7～10 点为最多。一朵花开 2～3 天，整株的花期 20 天左右。一朵花的花粉粒多达 70 500 粒，少的 30 000 粒，平均约 48 000 粒。

图 1-7　蜜蜂采集油菜花粉（黄少华　摄）

图 1-8　收集油菜蜂花粉（张旭凤　摄）

2. 向日葵（别名：葵花、转日莲）

向日葵为菊科一年生草本，虫媒异花授粉植物。秋季主要蜜、粉源植物之一。向日葵主要分布在东北、华北及西北地区，其他地方也有零星分布。花期 7 ～ 8 月。不但能从向日葵上取到大量的商品蜜，而且也能取到大量纯向日葵蜂花粉（图 1-9），向日葵蜂花粉是市场销售常见的蜂花粉之一。向日葵是我国主要生产蜂花粉的粉源植物。

图 1-9　蜜蜂采集向日葵花粉（邵有全　摄）

3. 玉米（别名：苞米）

玉米为禾本科一年生草本，栽培作物，异花授粉植物，花粉为淡黄色。

全国各地广泛分布，但主要分布于华北、东北和西南地区。玉米不分泌花蜜，是养蜂的主要粉源植物。春玉米 6 ~ 7 月开花，夏玉米 8 ~ 9 月上旬开花。花期一般为 20 多天。蜜蜂采集玉米花粉的时间大都在上午 9 点以前。9 点以后，太阳升起，花粉被晒干，无黏着力而飘散。雨后或有晨雾，一群蜂能够产 100 克左右蜂花粉。玉米开花时，蜜蜂采集花粉活跃（图 1-10）。它除了供蜂群内部繁殖外，还可以收集大量的商品蜂花粉（图 1-11）。

图 1-10　蜜蜂采集玉米花粉（黄少华　摄）

图 1-11　收集玉米蜂花粉（张旭凤　摄）

4. 荞麦（别名：三角麦）

荞麦为蓼科一年生草本植物，花两性型，虫媒授粉作物。荞麦总花期40天左右。始花期8天，盛花期24天，末花期8天。荞麦全国各地都有栽培，以西北地区栽培面积最大。荞麦为我国主要蜜源植物之一，秋季开花。荞麦花粉不但是蜜蜂越冬的好饲料，而且开始广泛用于医药加工和供应出口（图1-12）。

图1-12　蜜蜂采集荞麦花粉

5. 紫云英

紫云英为豆科植物，主要分布在长江流域及其以南各省。为早稻田前作。紫云英是我国主要的蜜、粉源植物之一，能生产大量商品蜜。主要花期3～4月。花粉橘红色，量丰富，能采收大量纯紫云英商品蜂花粉供给市场（图1-13）。

图 1-13　蜜蜂采集紫云英花粉（黄少华　摄）

6. 芝麻菜（别名：芸芥）

芝麻菜为十字花科植物，芝麻菜为我国西北部黄土高原广泛种植的油料作物。6～7月开花，蜜、粉充足。除生产商品蜜外，还能生产较纯的芸芥商品蜂花粉。芸芥蜂花粉黄色，采集量大，也是主要的商品蜂花粉（图1-14）。

图 1-14　芸芥花

7. 草木樨

草木樨为豆科植物，主要分布在西北地区以及辽宁、吉林西部。花期在6～7月。草木樨分白花草木樨和黄花草木樨，都是常见的栽培种类，蜜、粉充足。草木樨花期蜂群繁殖快，不但能取得大量的花蜜，而且能收到较多的商品蜂花粉，也是我国生产商品蜂花粉的蜜源植物之一（图1-15）。

图1-15 蜜蜂采集草木樨花粉

8. 高粱

高粱为禾本科植物（图1-16），全国各地都有栽培，主要栽培在辽宁、山西等省。花期一般在7～8月。在无其他粉源时，蜜蜂能到高粱上采集花粉。这时蜂农可获得部分蜂花粉。在早晨或昼夜温差大的情况下，其叶缘也能分泌甘露甜汁，对蜜蜂不利，应引起注意。

图1-16 高粱花

9. 水稻

水稻为禾本科植物，全国各地都有种植。在夏秋粉源缺乏时，蜜蜂在水稻花上采集花粉（图 1-17）。

图 1-17 蜜蜂采集水稻花粉（黄少华 摄）

10. 松属植物（如马尾松）

马尾松、白皮松、红松等松属植物都具有丰富的花粉。在粉源缺乏的季节，蜜蜂多集中采集松属植物的花粉，除了供自身繁殖、食用外，也可生产蜂花粉，但质量略差。

11. 板栗

板栗为壳斗科植物，大部分分布于我国北纬 40°30′ ～ 18°30′，花期在 5 ～ 6 月。既能分泌花蜜，又有大量花粉，为粉源植物之一（图 1-18）。花粉除供蜂群繁殖外，还能收到商品蜂花粉。

图 1-18 蜜蜂采集板栗花粉

12. 翅碱蓬

翅碱蓬为藜科植物，分布于东北、华北、西北地区及山东、河南、浙江和江苏等省。花期7～8月。花粉淡黄色，数量多。翅碱蓬为粉源植物之一，可为蜂群繁殖提供大量花粉，并能收到商品蜂花粉。

13. 莲（别名：荷、荷花等）

莲属于睡莲科植物，全国各地均有栽培，以南方为多。花期南方6～7月，北方7～8月。花粉数量多，蜜蜂采集勤（图1-19）。莲为良好粉源植物之一，分布面积大的地方，能收到莲的商品蜂花粉（图1-20）。

图1-19　蜜蜂采集荷花花粉（张旭凤　摄）

图1-20　收集的荷花花粉（张旭凤　摄）

14. 蚕豆

蚕豆为豆科，我国长江以南广泛栽培，以西南为最多。因各地气候差异，从 11 月到翌年 3 月开花。蚕豆蜜粉充足，花粉特别丰富，为重要粉源植物之一。花粉除供蜜蜂繁殖外，还能采收较多的商品蜂花粉（图 1-21）。

图 1-21　蜜蜂采集蚕豆花粉

15. 紫穗槐

紫穗槐为豆科植物，各地广为栽培，尤其北方。花期 5 ～ 6 月，有蜜有粉。紫穗槐花粉红色，数量较多，除供蜜蜂食用外，还可以提出粉脾备用，并能收集商品蜂花粉（图 1-22）。

图 1-22　蜜蜂采集紫穗槐花花粉

16. 南瓜

南瓜为葫芦科植物，全国各地广泛栽培。花期因南北差异较大，大体在5～6月开花。粉、蜜皆有，尤其花粉丰富，除供蜜蜂繁殖外，还能提出粉脾备用，并能收集商品蜂花粉（图1-23）。

图1-23　蜜蜂采集南瓜花粉（张旭凤　摄）

17. 西瓜

西瓜为葫芦科植物，全国各地广泛栽培。花期6～8月。花蜜、花粉都较丰富。除供蜜蜂繁殖外，还能收到商品蜂花粉（图1-24）。

图1-24　蜜蜂采集西瓜花粉（张旭凤　摄）

18. 党参

党参为桔梗科多年生草本蜜源植物（图1-25）。花期7～9月。除有丰富的花蜜外，还能收到部分较纯的党参蜂花粉。党参是重要的药用植物，所以其花粉深受人们欢迎。

图1-25 党参花

19. 芝麻（别名：胡麻、脂麻）

芝麻为一年生栽培油料作物，主要分布在黄河以及长江中下游，其中以河南最多，河北次之，安徽、江西、山东等省种植面积也较大。芝麻开花早的6～7月，晚的7～8月，花期30余天。芝麻花期不但能分泌花蜜，而且雄蕊花药有较多数量的花粉供蜜蜂采集。蜜蜂采集的芝麻花粉除本身繁殖用外，还能提供部分商品蜂花粉（图1-26）。

图 1-26　蜜蜂采集芝麻花粉

20. 柑橘（别名：宽皮橘、松皮橘）

柑橘为芸香科常绿小乔木或灌木，大体分布于我国北纬 19º ～ 37º。主要产地是四川、广东、广西、福建、浙江、江西、湖南、湖北、云南等省、自治区。柑橘花期因种类和分布的不同而不同，一般在 4 ～ 5 月。同一地点群体花期为 10 天左右。柑橘花有蜜有粉，花粉除供蜜蜂繁殖外，还可收取少部分蜂花粉（图 1-27）。

图 1-27　蜜蜂采集柑橘花粉（黄少华　摄）

三、我国主要蜂花粉的结构与形态

花粉是指植物雄蕊花药里的雄性生殖细胞。花粉具有许多不同的形状，大多数近球形，直径一般在20～50微米，最小的只有10微米，个别大的有200微米。花粉由花粉壁、萌发孔和原生质三部分构成。不同种类的植物花粉，其颜色、大小、形态、萌发孔的位置和结构以及花粉壁的外观纹饰等都不一样，为植物分类鉴定的依据。花粉团实际上就是蜂花粉，是蜜蜂采集过程中加进少量花蜜和分泌物加工成团粒状，装在花粉筐里便于携带回巢的扁球状、长扁球形、近圆球形的花粉团，直径在2.5～3.5毫米；花粉团主要由花粉和蜂蜜拌混而成。

花粉粒的外面是一层坚硬的外壁，叫花粉壁，具有抗酸、耐碱、抗微生物分解的特性。内部是含有各种营养物质和生殖细胞的内含物。内含物与花粉壁之间由一层膜状物隔开。同一粒花粉在显微镜下，可看到两个形态不同的面，叫赤道面和极面，花粉粒的表面是不平滑的，有的凸起叫脊，有的凹陷叫沟，还分布有一些孔状下陷叫萌发孔，花粉管就是从萌发孔外突萌发的。

蜂花粉是经蜜蜂采集加工，故其外观形状也不同于粉末状的花粉粒，而是多为椭圆形的花粉团。以下介绍几种常见蜂花粉在电子显微镜及光学显微镜下的形态结构特征。

1. 油菜蜂花粉

油菜蜂花粉团粒为黄色。单体花粉形态有长球形、圆球形、梭球形3种。长球形赤道面直径和极面直径分别为22微米、25微米。赤道面观为长球形，外壁表面有网状雕纹，可见向内凹的萌发沟（图1-28）。极面观可见有3

条萌发沟,呈三裂片状。圆球形,直径为17~20微米,外壁表面有网状雕纹。梭球形赤道面直径和极面直径分别为16微米、30微米。

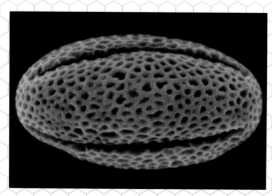

图1-28 油菜蜂花粉电镜下赤道面观形态（4 000倍镜）

油菜蜂花粉横切面电子显微镜观察，花粉内含物充实，花粉外壁可见三处凹的裂口，即萌发沟。在萌发沟处细胞外壁层极薄。花粉壁双层膜结构清晰，外壁层可见一些椭圆形的球状结构。光学显微镜下油菜花粉的形态与扫描电镜观察到的形态基本一致，表面网状雕纹看不清楚，萌发沟也不十分明显。

2. 芝麻蜂花粉

芝麻蜂花粉团粒为咖啡色或白色。单一花粉粒呈扁球形，也有少数为长球形，表面有瘤状雕纹，正面观呈覆网状，具有较多的萌发沟，多数为12~13条，且萌发沟间隙较宽。花粉粒的赤道面直径（图1-29）和极面直径（图1-30）分别为45微米、65微米。

芝麻蜂花粉纵切面观察内含物充实，花粉壁双层膜结构清晰，还可看到部分萌发沟，萌发沟处外壁间隙较宽。光学显微镜下芝麻蜂花粉形态与扫描电镜观察形态相似，萌发沟清晰，但花粉表面的瘤状纹不清晰。

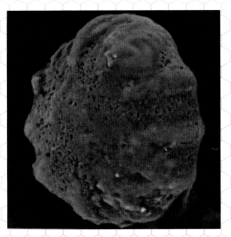

图 1-29　芝麻蜂花粉电镜下赤道面观形态（2 000 倍镜）

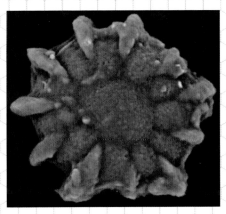

图 1-30　芝麻蜂花粉电镜下极面观形态（2 500 倍镜）

3. 向日葵蜂花粉

向日葵蜂花粉团粒为橘黄色。单一花粉粒呈圆球形，直径约为 35 微米，具三孔沟，孔有乳头状孔膜，外凹呈乳头突囊状体，囊体直径 5 ～ 10 微米。外壁有刺，刺末端尖，长度大于基部宽，刺长 3 ～ 5 微米，基部宽约为 2.7 微米。

向日葵蜂花粉切面内部结构，内含物充实，花粉壁双层膜结构清晰，可见花粉表面的尖刺结构（图 1-31）。在光学显微镜下向日葵蜂花粉形态与扫描电镜下观察到的形态基本一致，外壁上的尖刺清晰，但圆球状的囊状体看不清楚。

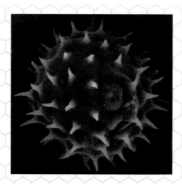

图 1-31　向日葵蜂花粉电镜下赤道面观形态（3 000 倍镜）

4. 玉米蜂花粉

玉米蜂花粉团粒为淡黄色。单一花粉呈近球形（图 1-32），直径约为 80 微米，外壁具有细网状雕纹，有一个圆的萌发孔（图 1-33）。

玉米蜂花粉切面结构，内含物充实，花粉壁双层膜结构清晰。花粉壁不厚是致使有的花粉壁凹陷或皱褶的原因之一，又因玉米花粉只有一个萌发孔，切面上很难找到外壁上的裂口。

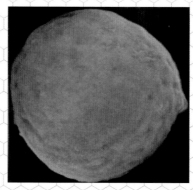

图 1-32　玉米蜂花粉粒电镜下形态（2 000 倍镜）

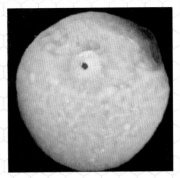

图 1-33　玉米蜂花粉外壁雕纹与萌发孔形态（2 000 倍镜）

5. 西瓜蜂花粉

西瓜蜂花粉团粒为紫黄色。单一花粉粒近球形，外壁表面有较粗大的网状雕纹，有三道萌发沟，直径 55～60 微米。萌发沟中央部位有一大小为 5～6 微米的乳头状突起，突起表面呈细网状，外壁表面的网状雕纹中有些圆形的颗粒（图 1-34、图 1-35）。在光学显微镜下可清楚地观察到花粉外壁的网状覆盖层和基粒棒，有的可以看到萌发沟中央的乳头状突起（图 1-36a、图 1-36b）。

在投射电镜下西瓜蜂花粉纵切面，内含物充实，花粉壁双层膜清晰，萌发沟区域只能看到单层膜结构，还可看到乳突状突起的基底部分。西瓜花粉有三道萌发沟（图 1-36a），三个萌发孔生于萌发沟内。电子显微镜下观察，萌发孔区域外壁特化为枝状（图 1-36c、图 1-36d），围成一个腔，内部充满内壁物质（图 1-36c）。外壁的覆盖层、基粒棒和基足层具有一致的电子密度（图 1-36e）。

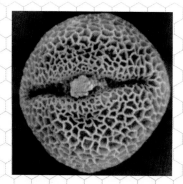

图 1-34　西瓜蜂花粉在电镜下赤道面观形态（3 000 倍镜）

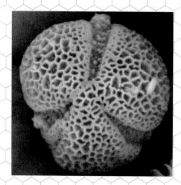

图 1-35　西瓜蜂花粉在电镜下极面观形态（3 000 倍镜）

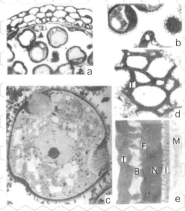

图 1-36　西瓜蜂花粉光学显微镜和电镜照片

a～b. 光学显微镜照片　c～e. 电镜照片　a. 药室一部分，示单核花粉，240 倍镜；
b. 示单核花粉，覆盖层呈网状，700 倍镜　c. 花粉粒，示两个萌发孔和一个萌发沟，
300 倍镜　d. 示覆盖层呈网状，700 倍镜　e. 花粉壁，注意基足层与外壁内层之间有
空隙　B. 基粒棒　F. 基足层　I. 内壁　M. 线粒体　N. 外壁内层　T. 覆盖层

6. 党参蜂花粉

党参蜂花粉团粒为黄色。单一花粉形态，赤道面观为扁球形（图1-37），极面观为6裂圆形，可见有6道萌发沟，萌发沟间隙较宽（图1-38）。花粉粒大小约为35微米×40微米。花粉外壁表面有小刺，呈细颗粒状雕纹，颗粒分布稀、末端尖。

透射电镜下党参蜂花粉纵切面，内含物充实，花粉壁双层膜清晰。光学显微镜下党参蜂花粉形态与扫描电镜下观察到的形态基本相似。花粉粒呈扁球形，有时可以看到花粉外壁上的尖刺。

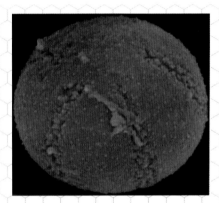

图1-37　党参蜂花粉电镜下赤道面观形态（4 000倍镜）

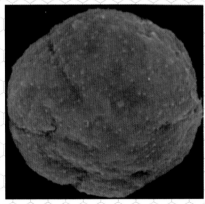

图1-38　党参蜂花粉电镜下极面观形态（4 000倍镜）

7. 水稻蜂花粉

水稻蜂花粉团粒为灰白色。单一花粉粒近球形或卵球形，花粉直径32～34微米，外壁表面有一个圆形的萌发孔，孔向外凸出，边缘加厚，表面有细网状雕纹，网脊上有细颗粒。萌发孔孔径较大，约为4.5微米。

8. 松花粉

松属花粉粒为金黄色。单一花粉极面观为圆形，赤道面观为三角形。其结构主要由实体和气囊两部分组成，花粉体位于两个对称气囊的上方，似帽，帽厚，粗糙，外壁表面具不规则的各式网状雕纹；腹面为两个相对称的半圆形气囊，气囊的直径25～30微米，两个气囊中间为远极沟（萌发沟）（图1-39）。

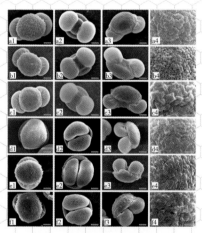

图1-39　不同处理条件下3种松属花粉形态的扫描电镜照片（3 000倍镜）（张国云等）
a1～a4为常规处理油松　b1～b4为常规处理马尾松　c1～c4为常规处理巴山松
d1～d4为自然晾干油松　e1～e4为自然晾干马尾松　f1～f4为自然晾干巴山松

松属植物花粉外壁表面精细的纹理结构和附属物疣状颗粒在种内具有保守性，种间存在特异性，所以可作为该属分类和系统演替进化关系研究的重要孢粉学指标。松花粉在光学显微镜下观察到的形态与扫描电镜下相似，气囊清晰，还可以看到不规则的网状雕纹。

9. 茶花蜂花粉

茶花蜂花粉团粒为咖啡色。单一花粉形态赤道面观为三角形（图1-40），极面观为球形（图1-41），外壁表面有3条萌发沟，萌发沟间隙较宽，沟的中央位置有圆的突起。花粉粒大小为35微米×22微米。

光学显微镜下茶花蜂花粉形态与扫描电镜下观察到的形态（图1-42）相似，多数为极面观呈三角形，可以看到3个萌发孔。

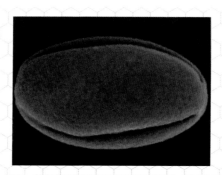

图1-40 茶花花粉电镜下赤道面观形态（3 000 倍镜）

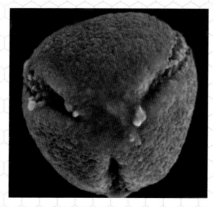

图1-41 茶花花粉电镜下极面观形态（4 000 倍镜）

图 1-42　高真空扫描电镜下的茶花花粉（4 000 倍镜）（覃丽禄等）

10. 南瓜蜂花粉

南瓜蜂花粉团粒为深黄色。单一花粉呈圆球形（图 1-43），直径为150 微米，表面有排列整齐的尖刺，刺长 5 ～ 10 微米；外壁表面有 11 ～ 13 个分散的萌发孔，萌发孔处有盖，盖上有长的尖刺。

光学显微镜下南瓜蜂花粉的形态与扫描电镜下观察的形态（图 1-44，图 1-45）相似，花粉壁外表面的尖刺清晰，萌发孔可见。

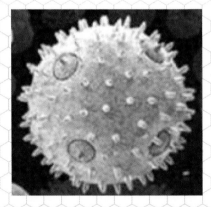

图 1-43　南瓜蜂花粉粒（4 000 倍镜）（马丁·奥格里）

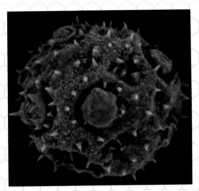

图 1-44 南瓜花粉电镜下表面雕纹形态（1 000 倍镜）

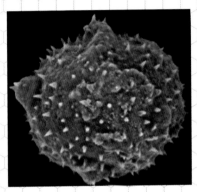

图 1-45 南瓜花粉电镜下粒形态（1 000 倍镜）

11. 荞麦蜂花粉

荞麦蜂花粉团粒为暗黄色。单一花粉赤道面观为椭圆球形，有网状纹饰（图 1-46），极面观为三裂片形，可见三条明显的萌发沟，外壁表面有网状雕纹，网孔呈不规则状，萌发沟中央区有条状突起，突起上有小颗粒分布（图 1-47）。花粉粒大小为 31 微米 ×44 微米。

在透射电镜下荞麦蜂花粉横切面，内含物充实，花粉壁双层膜清晰，萌发沟区有裂口。

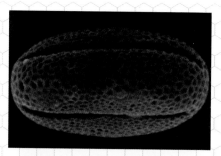

图 1-46　荞麦蜂花粉电镜下赤道面观形态（2 500 倍镜）

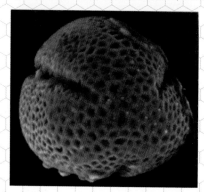

图 1-47　荞麦蜂花粉电镜下极面观形态（3 000 倍镜）

12. 紫云英蜂花粉

紫云英蜂花粉团粒为橘红色。单一花粉形态，赤道面观为长球形（图1-48），极面观为三裂片形，可见 3 条萌发沟，萌发沟通向两极，外壁表面有网状雕纹（图1-49）。花粉大小 15 微米 ×30 微米。

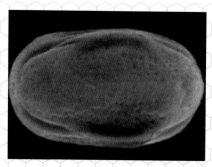

图 1-48　紫云英花粉电镜下赤道面观（视两孔沟）形态（7 000 倍镜）

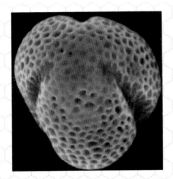

图 1-49　紫云英蜂花粉电镜下极面观形态（6 000 倍镜）

13. 荷花蜂花粉

荷花蜂花粉细胞近似球形。赤道面观椭圆形（图 1-50），极面观为三裂圆形（图 1-51），直径 65 ～ 68 微米。具有三沟，壁厚 4.4 ～ 5.2 微米。表面有颗粒状纹。

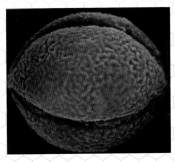

图 1-50　荷花蜂花粉电镜下赤道面观形态（2 000 倍镜）

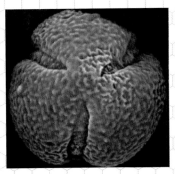

图 1-51　荷花蜂花粉电镜下极面观形态（2 500 倍镜）

以上这些蜂花粉团粒的颜色、单一花粉的外观形态、表面纹沟等特征较为相似。例如，同属于禾本科的水稻、玉米、高粱蜂花粉，其外观形态均为圆球形或近球形，花粉外壁表面都是只有一个萌发孔；不同科的油菜、紫云英、荞麦蜂花粉，从外观形态上看赤道面观均为长球形，极面观均为三裂片形，花粉外壁表面均有网状雕纹、三条明显的萌发沟。如果这些形态非常相似的蜂花粉混杂在一起难以鉴别时，可以根据花粉壁的专一特性把它们区别开来。

专题二

蜂花粉的营养

　　蜂花粉是自然界赋予人类的优质营养物，"花粉几乎含有自然界全部的营养素"，富含人体所需的各种营养成分。此外，花粉的营养成分配比最为接近人体所需的理想配比模式，极易被人体所吸收。因而，蜂花粉又被人们誉为"微型营养库"。

一、花粉的营养特点

花粉的营养成分极其复杂，目前已知含有 200 多种营养成分，被人们称为营养素的浓缩体、完全的营养源，并具有高蛋白、低脂肪等特点，因此在回归自然的营养保健新潮中，花粉越来越受到人们的青睐。

特点一：

花粉是纯天然植物性的产品，医食同源、药食兼优，历来受到人们的信任与青睐。几千年来，无论是先进国家还是原始部落，世界各地不同的民族，都把花粉作为食物、药品、美容和健康珍品。中国的老祖宗把花粉当作名贵的药材，日本人把花粉编在童话中述说它的奇妙作用，埃及人把花粉作为美容的圣品，高加索人说花粉是长寿的根源，阿拉伯人把花粉看作男人的精力剂，以色列人说花粉是维持生命的宝物圣食，印第安人在勇士成年的仪式中使用花粉。21 世纪，保健食品发展趋势首推天然性，花粉有其天然优势。

特点二：

花粉中含有的营养成分齐全完善，迄今仍无任何单一食物能与之相比。现代研究表明，花粉的营养成分既多又全面，是最好的平衡营养补助品，因而被营养界誉为世界上唯一的完全食品。有许多动物以花粉作为主食或唯一的食物，如各种昆虫（蜜蜂等）。在法国国立比尔絮伊维特实验室里，科学家曾做过一个实验：让一些老鼠每天食用一定量花粉而不吃其他食物，结果这些老鼠在 6 个月内一直保持了良好的身体状况，充分说明花粉营养食品的完善性。

特点三：

花粉中不仅营养成分完善，而且含量丰富。现代分析表明，花粉中氨基酸比牛肉、鸡蛋、牛奶等几种高蛋白食品的氨基酸含量高出 12 倍以上，尤其是 8 种人体必需氨基酸含量较高；花粉中含有 10 多种维生素，主要是 B 族维生素、维生素 C 和维生素 E，胡萝卜素的含量高于胡萝卜；每 100 克花粉中含有核酸 1 000 毫克以上，高的达 2 000 毫克，远超过富含核酸的鱼虾、鸡肝、大豆等；花粉中含有丰富的必需脂肪酸，在花粉脂肪酸含量中，亚油酸含量为 23.6 %，亚麻油酸为 39.49 %，花生四烯酸为 0.33%，必需脂肪酸总量比花生油、菜油、猪油的高；花粉中含有人体所必需的 25 种常量元素和微量元素，含量相当丰富；钾、钠、钙、镁、铁、锰、锌、铜、硒、磷 10 种主要矿物质元素与稻米、白菜、牛乳、鸡蛋、白糖、茶水、面条及苹果等常见食物中相应矿物质元素相比，花粉中除钠元素含量比白菜、牛乳、鸡蛋和面条低，磷元素含量比稻米、鸡蛋、牛乳和面条低外，其余的含量都比以上常见食物中含量高几倍至上千倍。

特点四：

花粉的营养成分在性质上属于活性，易被人体吸收和利用，因此量虽然很少，但服用后产生的效果却又快又好。比如蛋白质是人体构造最主要的成分之一，人体摄取的蛋白质必须先经过消化、分解成各种氨基酸，然后再被身体各器官吸收，按照需要重新组合成各种蛋白质。但是蛋白质在各类营养素中是最难被消化的，尤其是当消化器官发生障碍时。而花粉中所含的蛋白质，有一半以上是以游离氨基酸的形式存在，不需要经过消化即可以直接被人体吸收和利用。又比如维生素 A，对人体十分重要，有多种生理功效，但维生素 A 摄取过多，也会出现毒副作用，导致脱发、恶心、下痢、发疹等。一般市售的维生素 A 是油溶性的，需要有矿物质和脂肪才能消化，而且可以积存在体内。而花粉中的维生素 A 却是以胡萝卜素的形态存在，它必须进入体内才会转变为维生素 A。超量摄取胡萝卜素，身体会自动停止转换成维生素 A，所以无论怎么吃都不会出现毒副反应，同时胡萝卜素是水溶性的，不但易于消化吸收，而且不会在体内储存而产生其他副作用。

特点五：

花粉的营养成分配比最为理想，其比例和数量与人体所需高度吻合。这是花粉最神奇、最异于其他营养品之处，也是服用花粉所产生奇妙功效之奥秘所在。比如：

1. 氨基酸配比

食品中必需氨基酸的含量以及各种氨基酸配比是评价蛋白质营养价值的重要指标。花粉是氨基酸浓缩体，每克花粉蛋白质中各氨基酸的含量分布与 FDA/WHO 推荐优质食品中的氨基酸模式比较，其数据非常相近，充分说明花粉属于优质食品，详见表2-1。

表2-1 每克花粉蛋白质中各氨基酸的含量分布与FDA/WHO
推荐优质食品中的氨基酸模式比较

氨基酸（毫克/克）	FDA/WHO 推荐优质食品（毫克）	混合花粉（毫克）
赖氨酸	55.0	56.0
缬氨酸	50.0	49.0
亮氨酸	70.0	63.0
异亮氨酸	40.0	35.0
苏氨酸	40.0	34.0
色氨酸	10.0	7.8
苯丙氨酸 + 酪氨酸	60.0	73.5
蛋氨酸 + 半胱氨酸	35.0	35.0

2. 维生素 B_6 与蛋氨酸

过量的蛋氨酸在体内分解能产生一种有害的物质"高胱氨酸"，它会破坏人体的血管壁，造成血管硬化、高血压及心脏系统的疾病。但当体内有足够维生素 B_6 时，高胱氨酸就会被分解成无毒性的物质，因而失去破坏作用。据分析，香蕉中维生素 B_6 和蛋氨酸的含量比为 40：1；胡萝卜中为 15：1；洋葱中为 10：1；而花粉中竟然是 400：1。可以证明花粉对防止动脉硬化有极佳效果，也证明花粉中所含营养比例及营养平衡之优秀。

3. 维生素与色氨酸

色氨酸是人体必需氨基酸之一，但摄取量超过人体的需要时，它会在人体转化为有毒的黄尿酸，使胰脏受损无法分泌胰岛素，从而导致糖尿病发生。但当体内维生素充足时，就可使色氨酸被身体正常利用，不至于产生有害的黄尿酸。因此，维生素和色氨酸的比例，对糖尿病的预防和治疗也有极大的影响。据哈瓦医学院马奎利博士的报告和美国农业部的分析结果推算，花粉中维生素 B_6 和色氨酸含量比例是 540∶1。因而多吃花粉可以摄取到足够的维生素，不会使多余的色氨酸转变成黄尿酸，可避免其危害与攻击胰岛中的 β 细胞，从而保护 β 细胞的胰岛素分泌功能。这就是为什么世界上很多糖尿病患者每天服用花粉的原因，也是为什么欧洲有些国家把花粉列为糖尿病的药品来管理的原因。这又是花粉中营养素平衡的一例。

4. 钙磷比

钙磷比以 1.5∶1 的吸收率最好。日本医学博士增山忠俊所著《花粉食疗法》一书中，引用日本食品分析中心的检验报告，花粉中的钙磷比为 1∶1。我国几种常用花粉的钙磷比，油菜花粉约为 1∶1，向日葵花粉约为 1∶1，荞麦花粉约为 1.2∶1，芝麻花粉约为 2∶1。

5. 钠钾比

钠是最普通的矿物质元素之一，各种食物多少都含有些钠，我们天天都要吃的食盐，就是钠的最佳及最主要的来源，因此缺钠现象几乎没有，多半发生钠过剩。而大部分的人都缺钾，造成钠钾不平衡，所以良好的营养补助品，应该是钾含量大于钠。但一般食物中很少有钾含量高者，而服用含钾的无机盐来补充钾又很不安全。花粉却在天然食品中是例外，根据日本食品研究所对花粉成分的分析报告，其钠与钾的比例约为 1：1.2。我国油菜花粉含钾 5 380 毫克 / 千克，含钠 230 毫克 / 千克；荞麦花粉含钾 3 050 毫克 / 千克，含钠 290 毫克 / 千克，即钾的含量远高于钠，这种情况在其他天然食品中很少见。显然以花粉补充天然钾，是取得钠钾平衡，促进身体健康的最佳方法。

6. 花粉与人体血液中矿物质元素相关性

曾志将等将花粉中矿物质元素与人体血液中矿物质元素含量进行比较，油菜花粉、荞麦花粉中 10 种主要矿物质元素（钠、钾、钙、镁、铁、锰、锌、铜、硒、磷）与健康人血液中 10 种矿物质元素相关系数分别为 0.47 和 0.31，平均值 0.39，且都为中等正相关。显然服用天然的花粉，能充分满足人体所需的矿物质。

小知识

人体健康所必须维持的营养平衡，为何花粉都恰能符合？大概是因为花粉本身也是一种活的、具有生命的物质，所以才会具有生命体的本质，包括生命体所需营养成分彼此间的协调和平衡。

二、蜂花粉的营养成分

蜂花粉的内在成分全面而复杂。各种蜂花粉因植物来源不同，其成分种类及含量有所不同。一般蜂花粉所含营养成分大致为：蛋白质为 20% ～ 25%，碳水化合物为 40% ～ 50%，脂肪为 5% ～ 10%，矿物质为 2% ～ 3%，木质素为 10% ～ 15%，未知因子为 10% ～ 15%。

蜂花粉和自然界其他营养品一样，含有各种对人体起作用的成分。它不但含有人体通常必需的蛋白质、脂肪、糖类，还有对人体功能具有特殊功效的微量元素、维生素或其他物质。正因为如此，蜂花粉被人们誉为"微型营养库"。

（一）蛋白质和氨基酸

蛋白质是组成人体的重要成分之一（成年人体内含有 16.3% 的蛋白质），是一切细胞组织的基本组成物质。人体内细胞、组织的一切新陈代谢等活动都靠蛋白质来补充。蛋白质是含氮的有机化合物，植物中含氮量最高的部位就是花粉。蜂花粉中的蛋白质含量丰富，一般为 7% ～ 40%，平均含量为 20%。徐景耀等测定的 32 种蜂花粉总蛋白含量平均为 24.65%。其中，蛋白质含量在 25% 以上的有油菜、党参、芝麻、茶、芸芥、苕子、紫云英、红豆草、益母草、梨、七里香、胡颓子、西瓜等植物的蜂花粉；总蛋白含量在 20% 以下的是向日葵、玉米、荞麦、水稻、高粱、棉花、蚕豆、乌桕等植物的蜂花粉。同种蜂花粉总蛋白含量基本相近，因产地不同而略有差异。

通常还采用总氮量来衡量物质的蛋白质含量。同一种花粉的总氮量是很接近的。对不同产地的 14 份油菜花粉样品进行检测，其总氮量为 4%～5%，而不同品种蜂花粉，其总氮量不同。整体趋势看，油菜、党参、芝麻、草籽、枣花、芸芥、七里香等植物的花粉含量均在 4% 以上，松花粉的总氮含量较低。

氨基酸是蛋白质组成的基本单位，是蛋白质的水解产物，也是维持生命不可缺少的物质，人们利用被消化吸收的氨基酸再合成自身的蛋白质。蜂花粉中含有人类迄今发现的所有氨基酸，其中包括人体必需的 8 种氨基酸，可直接被机体吸收。一个活动量较强的成年人，每日食用 20～25 克蜂花粉即可满足全天的氨基酸消耗量。另外，花粉在营养价值上之所以宝贵，主要在于其氨基酸的比例也恰到好处，组成情况与动物机体的组成情况非常相近，最接近联合国粮农组织推荐的氨基酸模式，且相当部分的氨基酸以游离状态存在，占花粉干重的 6%，是天然食物中极为少见的。与那些被认为含有丰富氨基酸的食物如牛肉、鸡蛋、干酪相比，花粉所含的氨基酸要比它们高 5～7 倍，是人类宝贵的营养源。例如，蜂花粉中牛磺酸含量非常丰富，是一种重要的含硫氨基酸，参与营养物质，特别是脂类物质的代谢，对婴儿的发育意义重大。蜂花粉中还含有生长发育所必需的精氨酸，以及对生长有促进作用的甘氨酸、脯氨酸和丝氨酸等。

不同地方产的蜂花粉中氨基酸总量占该种花粉质量的比值范围为：荷花花粉 12.58%～22.96%，玉米花粉 15.32%~16.67%，茶花花粉 19.88%～25.59%，油菜花粉 19.83%～23.46%；其中必需氨基酸与该花粉氨基酸总量的比值范围为：荷花花粉 38.76%～42.77%，玉米花粉 36.42%～38.90%，茶花花粉 47.99%～48.71%，油菜花粉

49.55% ～ 53.62%。油菜、芝麻、芸芥、党参等植物的花粉必需氨基酸总量在 10.49 毫克 / 克 ±5.07 毫克 / 克范围，与动物性产品牛肉、瘦猪肉、鲜鱼肉、对虾、鸡蛋等平均含量（9.25 毫克 / 克 ±3.50 毫克 / 克）相比无差异（$P > 0.2$）。由此可见，花粉可与肉蛋鱼虾相媲美。不同种属的植物花粉中组氨酸含量是各不相同的，如油菜花粉（8.58 毫克 / 克 ±0.75 毫克 / 克）、党参花粉（8.86 毫克 / 克 ±0.22 毫克 / 克），向日葵花粉（8.39 毫克 / 克 ±1.29 毫克 / 克）等花粉组氨酸含量较高，而荞麦（6.01 毫克 / 克 ±1.99 毫克 / 克），高粱（5.02 毫克 / 克 ±0.41 毫克 / 克）花粉组氨酸含量较低。

江月仙等测定了来源于中国 12 个省区不同种属的 38 个蜂花粉样品，其平均含量在 170.50 花粉 ±39.58 毫克 / 克范围，变异系数为 0.23%。含量最高是七里香花粉 230.83 毫克 / 克，最低是东北松花粉 33.03 毫克 / 克。氨基酸含量在均数以上的有油菜、芝麻、党参、芸芥等种属的花粉，在均数以下的有高粱、玉米等种属的花粉。蜂花粉中氨基酸含量的高低可能与植物种类、气候环境、光照条件及土壤等因素等有关。一般来说，同种属植物花粉氨基酸含量不受产地的影响，如浙江产地油菜花粉氨基酸含量为 198.6 毫克 / 克 ±8.8 毫克 / 克，青海产地油菜花粉为 199.55 毫克 / 克 ±10.02 毫克 / 克，两者比无差异（$P > 0.2$）。同地区不同种属的花粉氨基酸含量有差异（$P < 0.025$）如内蒙古产地油菜花粉氨基酸含量为 193.28 毫克 / 克 ±14.92 毫克 / 克，而荞麦花粉为 124.20 毫克 / 克 ±7.26 毫克 / 克。不同地区不同种属的花粉氨基酸含量有显著性差异（$P < 0.005$），如油菜花粉含量为 195.29 毫克 / 克 ±11.60 毫克 / 克，而荞麦花粉含量 137.24 毫克 / 克 ±32.27 毫克 / 克。

为了考察花粉中组氨酸含量随保存时间、放置环境的变化情况，对向日葵、芝麻、芸芥等花粉，以常温、4℃、-25℃3种不同温度放置实验。从实验结果看，在短期内（半年）不同温度对花粉氨基酸含量没有影响（$P>0.5$）。另外，用离子交换色谱法对不同地区、不同种属的38个蜂花粉样品进行了综合分析，结果表明，同种属不同地区的花粉氨基酸含量无差异，同地区不同种属的花粉氨基酸含量有差异，而不同地区不同种属的花粉氨基酸含量有差异。

（二）碳水化合物

碳水化合物由碳、氢、氧3种元素组成，也称糖类，根据分子结构分为单糖、双糖和多糖。蜂花粉中所含的碳水化合物主要是：单糖包括葡萄糖、果糖、半乳糖等属己糖，核糖、脱氧核糖等属戊糖；低聚糖由2～9个单糖分子组成，最常见的是二糖如蔗糖、麦芽糖、乳糖等，棉子糖是三糖，水苏糖属四糖；多糖包括淀粉、糊精、半纤维素、纤维素和果胶等。碳水化合物的主要生物学作用是通过氧化而释放出大量能量，满足生命活动的需要，是机体内能量的主要来源。另外，组成生物遗传物质核酸的基本单位也是五碳糖。蜂花粉中的碳水化合物占总含量的40%～50%。

在我国，膳食中总热能的60%～70%来自碳水化合物。碳水化合物在人体内消化后，主要以葡萄糖的形式被吸收。糖与脂类形成的糖脂是细胞膜与神经组织的结构成分之一；糖与蛋白质结合成的糖蛋白是一些具有重要生理功能的物质如抗体、某些酶和激素的组成部分；糖对维持神经系统的机能活动有特别的作用，糖还能帮助脂肪在体内进行正常代谢。还有一些虽不能被人体消化吸收，但能刺激胃肠道蠕动，促进消化腺分泌，有助于正常消化和排便。

1. 糖

蜂花粉中总糖含量因植物种类不同而差异较大。青海油菜蜂花粉总糖 38.38%～39.89%，其中果糖 9.37%～16.93%，葡萄糖 15.1%～15.96%，二糖 2.67%～18.4%，三糖 0.21%，四糖 4.51%～17.5%。两种玉米花粉中总糖含量为 12.84%～13.86%，其中蔗糖 7.48%～10.85%，还原糖 3.01%～5.36%。茶花花粉还原糖为 7.72%，油菜花粉还原糖为 22.74%，荞麦花粉还原糖为 43%，玉米花粉还原糖为 36.55%，向日葵花粉还原糖为 41.76%。

花粉所含糖类成分中，值得关注的是花粉中的多糖，它具有多方面的生物活性，能影响人体的网状内皮系统、巨噬细胞、淋巴细胞、白细胞以及 RNA、DNA、蛋白质的合成，抗体的生成，cAMP（环磷酸腺苷）、cGMP（环磷酸鸟苷）含量，补体生成以及对干扰素的诱导作用等。我国蜂花粉多糖的研究尚不多，从油菜花粉提取出 5 种多糖组分：P-A、P-B、P-C、P-D、P-E，其中前三者为中性多糖，其单糖组成有 $L-$ 岩藻糖、$L-$ 阿拉伯糖、$L-$ 木糖、$D-$ 甘露糖、$D-$ 葡萄糖及 $L-$ 鼠李糖，后两种为酸性多糖，除含以上单糖组分外，还含有己糖醛酸。党参花粉多糖（CPA）由阿拉伯糖和半乳糖组成，经酶化学和超微结构研究证明，CPA 对正常小鼠腹腔巨噬细胞有激活作用，并能拮抗大剂量氢化可的松对小鼠腹腔巨噬细胞的抑制作用。玉米花粉多糖 PMA1 和 PMB1 主链以 $\beta-$ 呋喃糖苷链连接为主，茶花花粉多糖 CSA1 和 CSA7 主链以 $\alpha-$ 呋喃糖苷链连接，都有甘露糖。对玉米花粉多糖的药理研究表明，花粉多糖对机体具有提高免疫功能、抗衰老、抑瘤的功效。另外，玉米花粉多糖对沙门菌和金黄色葡萄球菌具有较强的抑制效果，对细菌的抑制作用强于对真菌的抑制作用。蒲黄花粉提取出 3 种白色粉末多糖：TAA、TAB、TAC，对癌症、心血管疾病、肝炎等具有很好的疗效。当前国内外对多糖的研究方兴未艾，花粉多糖的研究更有待深入进行。

2. 淀粉

花粉中的淀粉含量因植物花粉种属不同而有很大差异，含量高的如宽叶香蒲可达花粉干重的 12.4%，含量低的如薄叶百合为 3.6%、黑松为 2.6%、天香百合仅 1.4%。Todd 和 Brethench 曾报道所分析的 34 种花粉，只有 2 种完全缺乏淀粉，这 34 种花粉中有 70% 淀粉含量低于 3%，仅 3 种花粉超过 10%，而玉米花粉淀粉含量为 22.4%。Anderson 和 Kalp 亦曾报道黄马牙玉米花粉淀粉含量为 11%，白姥石玉米花粉淀粉含量为 19%。

3. 膳食纤维

膳食纤维通常是指木质素以及不能被人体消化道分泌的消化酶所消化的多糖的总称。有些情况下，植物中那些不被消化吸收的较少成分，如糖蛋白、角质、蜡，也属于膳食纤维的范围。花粉中含有丰富的膳食纤维，如纤维素、半纤维素、果胶、木质素和孢粉素等。半纤维素和果胶存在于花粉的内壁中，孢粉素和纤维素存在于外壁中。膳食纤维被誉为"第七大营养素"（其余是蛋白质、可利用碳水化合物、脂肪、维生素、矿物质和水），受到越来越多的人的青睐和重视。现代研究表明，膳食纤维可以防治便秘、肥胖症、糖尿病、动脉粥样硬化、冠心病和恶性肿瘤等疾病。因此，膳食纤维的重要生理功能现已逐渐得到人们的重视和关注。

花粉中膳食纤维含量，不同种类的花粉有所不同，多数可达 10%～20%。日本上野实郎研究证实，松科、柏科、杉科 11 种植物花粉均含有棉子糖和水苏糖，这两种低聚糖很难被人体消化吸收，属于水溶性膳食纤维。据麦克莱伦报道，苏格兰东南地区 7 种主要蜜源花粉中纤维素和半纤维素含量以毛瓦属最高，达 15.94%；山毛榉属最低，仅 3.76%。

（三）脂类

脂类包括油类、脂肪类和类脂 3 种基本形式。蜂花粉的脂肪含量一般在 4% 左右，在花粉细胞质中呈液滴状分布。蜂花粉中已发现的脂类主要有酸性脂和中性脂两类，在中性脂中主要有单酸甘油酯、甘油二酯、甘油三酯、游离脂肪酸和固醇。脂类不仅能作为能源储存在皮下，它还能帮助吸收其他食物中的脂溶性物质，例如，具有强抗衰老功能的维生素 E。蜂花粉的最可贵之处在于含有丰富的不饱和脂肪酸，而这些不饱和脂肪酸中有几种是人体自身不能合成或合成量太少而必须从食物中摄取的必需脂肪酸。缺乏这些必需脂肪酸会引起机能失调，精子成活率低或不孕症，产生血尿等，同时必需脂肪酸还有降低胆固醇的作用。蜂花粉的脂肪含量基本上是由花粉品种决定的，产地对含量的影响不大，但脂肪含量随着储存时间的延长而减少。

1. 总脂

花粉的总脂占其干重的 1%～20%，一般为 5% 左右。其中，蒲公英和油菜花粉总脂含量较高，约为 19%，欧洲榛子约含 15%。Cunasekaran 等研究报道，宽叶香蒲和玉米花粉中总脂含量分别为 7.6% 和 3.9%，其中酸性脂类含有卵磷脂、溶血卵磷脂、磷环己六醇和磷酯酰胆碱，香蒲和玉米两种花粉中的酸性脂类分别为总脂类的 39.7% 和 36.6%；中性脂类有单酸甘油酯类、甘油二酯类、甘油三酯类、游离脂肪酸类、甾醇类、碳氢类，香蒲和玉米花粉中的中性脂类分别占总脂类的 60.2% 和 63.3%。

2. 脂肪酸

脂肪酸可提供人类活动所需全部能量的 40% 左右。其种类很多，常见的脂肪酸有丁酸、己酸、辛酸、癸酸、月桂酸、豆蔻酸、棕榈酸（软脂）、硬脂酸、花生酸、山嵛酸、木蜡酸和单不饱和脂肪酸（油酸、棕榈油酸、芥子酸），多不饱和脂肪酸（亚油酸、亚麻酸、花生四烯酸、二十碳烯酸、二十二碳六烯酸等）。亚油酸、亚麻酸和花生四烯酸这三种多不饱和脂肪酸在机体本身不能合成或合成量很少，但它们是机体不可缺少的必需脂肪酸。研究表明，多不饱和脂肪酸对机体具有广泛的重要功能，它能促进生长和大脑发育，特别对婴幼儿智力和视力发育具有重要意义；它能降低血清胆固醇含量，对预防和治疗心脑血管疾病起着重要作用；多不饱和脂肪酸的代谢与前列腺素、白三烯和血栓素等二十碳衍生物有密切关系。花粉所含脂肪酸中不饱和脂肪酸占总脂的 61% ～ 91%，远比其他动物、植物油脂中的含量高。

早在 1923 年，Heyl 就发现豚草属花粉中含有油酸、亚油酸等不饱和脂肪酸及月桂酸、棕榈酸、豆蔻酸等。随后 Bourdouil 证实，在花粉中普遍含有丰富的不饱和脂肪酸，其中，虞美人花粉中的不饱和脂肪酸占总脂肪酸的 91%。Ching 用气相色谱从 5 种松花粉中检出 16 种脂肪酸。Styohl 等研究证实，松花粉含有羟基苯甲酸、原儿茶酸、没食子酸、香荚兰酸、阿魏酸、顺式和反式对羟基桂皮酸。Ohmoto Taichi 用气相色谱法研究了罗汉松花粉的脂肪酸有甲酸、乙酸、丙酸、丁酸、豆蔻酸、棕榈酸、硬脂酸、花生酸、二十二酸、木蜡酸、二十八酸、三十二酸；而且从油菜花粉中分离到亚油酸、棕榈酸、亚麻酸、硬脂酸、花生酸、角豆蔻酸、月桂酸、棕榈油酸等。Farag 从 6 种蜜蜂采集的花粉中分离出了亚油酸、亚麻酸、棕榈酸、肉豆蔻酸和癸酸，他从松花粉测出除上述酸外，还有圭酸、十一酸、十五酸等。

我国学者赵秀英等对 3 种蜂花粉重要成分比较研究发现，南瓜花粉中的酸类物质主要是不饱和脂肪酸，达到 77%。王冬兰对国产蒲黄、党参等 7 种花粉的 14 种不饱和脂肪酸进行了测定，发现不饱和脂肪酸的种类和含量均十分丰富，其中以蒲黄、党参、乌桕花粉中不饱和脂肪酸种类最多，油菜、荞麦和向日葵次之，玉米花粉中不饱和脂肪酸的种类相对较少（表 2-2）。

表 2-2　蜂花粉中不饱和脂肪酸含量（%）

项目	蒲黄	党参	玉米	荞麦	向日葵	乌桕	油菜
月桂烯酸				0.045	0.216	0.024	
十二烯酸		0.163	0.064				0.012
豆蔻烯酸		0.312		0.022	0.288	0.024	
十五烯酸	0.070	0.117		0.061	0.540	0.135	0.037
棕榈油酸						1.073	
十七烯酸	0.242	0.245				0.097	
油酸	6.932	17.521	12.436	11.002	2.911	11.307	24.204

项目	蒲黄	党参	玉米	荞麦	向日葵	乌桕	油菜
花生烯酸	4.103	9.064	17.194	45.398		5.470	7.808
芥子酸		1.798				0.347	23.368
亚油酸	32.838	9.239	5.155	1.997	11.635	8.359	3.697
二十二碳烯酸	3.139	1.757	22.825	12.067	0.066	28.655	5.810
亚麻酸	5.262	23.828		6.172	23.643	16.360	8.475
二十碳三烯酸	6.996	4.209					
花生四烯酸	4.753	1.609			0.086		
总含量	52.34	69.699	52.519	76.742	39.385	71.716	73.411

不同种类蜂花粉的脂肪酸种类、含量差异较大，但不饱和脂肪酸含量均非常丰富，蜂花粉中不饱和脂肪酸占该种花粉脂肪酸总量的百分比范围为：荷花花粉 46.06% ～ 76.37%，玉米花粉 60.69% ～ 64.99%，茶花花粉 61.97% ～ 65.77%，油菜花粉 60.93% ～ 66.73%。多不饱和脂肪酸与饱和脂肪酸相对含量的比值范围为：荷花花粉 0.78 ～ 2.90，玉米花粉 1.39 ～ 1.75，茶花花粉 1.49 ～ 1.76，油菜花粉 1.39 ～ 1.80。其中必需脂肪酸中均以 α-亚麻酸含量最高。

3. 类脂

类脂性质与脂肪相近，主要包括磷脂、糖脂、固醇及固醇脂等，是构成机体组织的重要成分。它们可与蛋白质结合成脂蛋白，构成细胞的各种膜，如细胞膜、核膜、线粒体膜、内质网膜等，总称生物膜，在细胞生命活动过程中的物质转运和能量传递过程中起着重要作用。类脂也是维持混合功能氧化酶作用的重要组成部分和构成脑细胞及神经细胞的主要成分。类脂还与血液凝固有关，凝血酶原酶（凝血酶原激活剂）的辅基中含有脑磷脂。磷脂还能防止脂肪在肝脏的堆积。

Standifer 报道北美 16 种蜂花粉和 3 种人工采集花粉的类脂成分，证明风媒和虫媒花粉中主要类脂含量没有显著差异。这些花粉试样包括具有代表性的豆科、菊科、蔷薇科、百合科、杨柳科、藜科、伞状花科、毛瓦科、杉科和禾本科 10 个科的植物。蜜蜂采集的花粉中总类脂含量从三色堇的 1.5% 到蒲公英的 18.9%，平均为 9.2%；皂化类脂含量 0.7% ～ 10.2%，非皂化类脂含量 0.8% ～ 11.9%。

同济大学蒋滢等对我国 35 种蜜源花粉的磷脂含量进行检测，其含量（克 /100 克）为 0.67 ～ 5.82，其中以田青（5.82）、泡桐（5.6）、芝麻（4.8）、山花（4.43）、紫云英（4.07）、草木樨（3.8）、黑松（3.49）、油菜（3.46）、胡桃（3.16）、板栗（3.09）等花粉含磷脂较高，而沙棘（0.98）、玉米（0.96）、木豆（0.76）、荆条（0.76）、蒲公英（0.71）、山里红（0.67）等花粉含磷脂较少。

4. 醇和长链的碳氢化合物

蜂花粉脂类中的中性部分常含有比较高的醇类与饱和的和不饱和的长链碳氢化合物。黑麦花粉有 1.3% 的碳氢化合物，虽然 C_{29} 和 C_{31} 不饱和的化合物分别达到 12.4% 和 16.6% 的高百分率，但 C_{25}、C_{27} 饱和的和单烯碳氢化合物仍是最普遍存在的。玉米花粉的长链碳氢化合物为廿五烷 C_{25}、廿七烷 C_{27}、廿九烷 C_{29}。欧洲榛子花粉的长链碳氢化合物是廿三烷 C_{23}，胶桤

木花粉是廿七烷 C_{27} 和廿九烷 C_{29}。花粉中也含有不少的醇，欧洲山松花粉含有一系列的二醇，即廿四醇、廿六醇。雪松花粉含廿七醇较高。

5. 甾醇类

花粉中的甾醇类具有多种生理功能，如 β-雌二醇有雌激素作用，豆甾醇有明显的降血中胆甾醇作用，胆甾醇具有兴奋子宫作用，β-谷甾醇有降低胆固醇、止咳、祛痰和平喘作用。花粉中甾醇类的数量和类型在不同种类花粉中含量有所差异。Koesslor 在研究花粉的有效成分中发现约有 0.34% 的甾醇类，玉米花粉甾醇类大约占 0.1%，主要是胆甾醇和一些豆甾醇。Skarzimsky 曾发现花粉含有动物激素 β-雌二醇。Bennett 等从花粉中分离出雌酮和胆甾醇。Standifer 等对 15 种花粉进行含甾醇的研究表明，向日葵花粉含有 β-谷甾醇（占总甾醇的 42%），蒲公英花粉含胆甾醇（占总甾醇的 90%），苹果花粉含亚甲-胆甾醇（占总甾醇的 60%），玉米花粉含 24-亚甲-胆甾醇（占总甾醇的 59%）、β-谷甾醇（占总甾醇的 17%）、油菜甾醇（占总甾醇的 12%）、豆甾醇（占总甾醇的 12%），黑麦花粉含 24-亚甲-胆甾醇（占总甾醇的 90%），梯牧草花粉含 24-亚甲-胆甾醇（占总甾醇的 62%）、β-谷甾醇（占总甾醇的 13%），欧洲赤松花粉含 β-谷甾醇（占总甾醇的 54%）、24-亚甲-胆甾醇（占总甾醇的 9%），中欧山松花粉含 β-谷甾醇（占总甾醇的 65%）、油菜甾醇（占总甾醇的 7%）、胆甾醇（占总甾醇的 8%）及微量的 24-亚基-胆甾醇。Saden-Krehula 等从欧洲赤松花粉中发现了少量的莕酮、表莕（甾）酮和雄烯二酮。

（四）维生素

维生素是维持人体正常生理功能必需的一类化合物。这类化合物有 10 多种，都存在于天然食物中，极少数量即可满足正常生理活动的需要，但绝对不可缺少。目前已知的 20 多种维生素，大致可分为脂溶性和水溶性两类，前者包括维生素 A、维生素 D、维生素 E、维生素 K 等，后者则有 B 族维生素和维生素 C 等。蜂花粉中的维生素含量虽不高，但十分齐全。蜂花粉中维生素种类之多、含量之丰富是少见的，被营养学家认为是一种天然的多种维生素浓缩物。研究证实，蜂花粉中含维生素 A、维生素 B 族（维生素 B_1、维生素 B_2、维生素 B_3、维生素 B_6、维生素 B_{12}、烟酸、叶酸、胆碱肌醇）、维生素 C、维生素 D、维生素 E、维生素 K、维生素 P、维生素 H 和胡萝卜素等。

1. 维生素 A

维生素 A 为抗氧化剂，是维持机体上皮细胞组织正常功能和结构完整以及正常的视觉所必需物质，并能促进眼球内视紫质合成或再生，维持正常视力，防治夜盲症和眼干燥症。刘凤云等对青海油菜蜂花粉进行测定，维生素 A 的含量为 1.4～2.08 毫克 /100 克。杜红霞等对两种玉米蜂花粉的测定，维生素 A 的含量为 3.3 国际单位 / 克。苏松坤等对新鲜茶花蜂花粉的测定，维生素 A 的含量为 0.79 毫克 /100 克。

2. 胡萝卜素

蜂花粉中含有胡萝卜素和类胡萝卜素，人体吸收这些化合物后，胡萝卜素就在肠黏膜内转化为维生素 A，所以胡萝卜素又称维生素 A 原。胡萝卜素也是蜜蜂采粉采蜜的吸引剂，因而蜂花粉中的胡萝卜素含量非常丰富。

花粉中的胡萝卜素是从黄毛芯花(Vasbacom thapsiforme)花粉中首次发现的，是花粉壁的最重要的组成部分。各种花粉的胡萝卜素含量相差较大，高者达234.3毫克，低着仅为4.95毫克/100克。其中，富含胡萝卜素的为紫云英、山里红、蒲公英、野菊花粉等，而胡萝卜素含量较低的为木豆、苹果、柳树、油菜花粉等。

美国厄尔·维维诺等1944年报道了多种蜂花粉中胡萝卜素的含量：三叶草花粉15毫克/100克，李、苹果混合花粉11.01毫克/100克，黄菊、翠菊混合花粉7.26毫克/100克，蒲公英花粉17.6毫克/100克，β-胡萝卜素0.6毫克/100克。沙皮罗等发现，蜜蜂采集的白俄罗斯花粉中，柳属花粉含类胡萝卜素27.00～64.09毫克/100克；含β-胡萝卜素高的是蒲公英50.46毫克/100克、樱桃26.33毫克/100克、野苦菜25.5毫克/100克和黄羽扇豆13.42毫克/100克，而鼠李、马林果、梨、苹果和荞麦等花粉中含β-胡萝卜素很少，为0.12～2.47毫克/100克。杜红霞等测定玉米蜂花粉中β-胡萝卜素的含量为1.6毫克/100克。王开发等对我国多种蜜源花粉进行了胡萝卜素含量检测（毫克/100克）：紫云英234.3，山里红11.7，蒲公英94.2，野菊83.1，向日葵55.8，荆条47.9，乌桕33.11，色树27.6，胡枝子23.9，黄瓜20.3，柳树10.7，油菜8.5，飞龙掌血6.11，苹果5.66，木豆4.95。

3. 维生素 B_1

维生素 B_1 又称硫胺素，是脱羧酶的主要成分，为机体充分利用碳水化合物所必需。维生素 B_1 还能抑制胆碱酯酶活性，减少乙酰胆碱水解，改善胆碱神经递质缺乏状况，防治各类神经炎、心肌炎、食欲不振、消化不良症等。

厄尔·维维诺等报道北美鲜蜂花粉的维生素 B_1 含量（毫克 /100 克）：黄菊、翠菊混合花粉为 1.03，蒲公英、李、苹果混合花粉为 1.08，三叶草花粉为 0.93，李、苹果混合花粉为 0.63。约伊里什报道多种蜂花粉的维生素 B_1 含量（毫克 /100 克）：苹果 1.0，白芷 1.2，荞麦 1.3。我国学者刘凤云等测定青海油菜蜂花粉维生素 B_1 含量为 0.54 ～ 0.88 毫克 /100 克。苏松坤等测定新鲜茶花蜂花粉维生素 B_1 含量为 0.09 毫克 /100 克。王开发等测定了多种蜂花粉维生素 B_1 含量（毫克 /100 克），其中：紫云英 14.8，油菜 9.0，刺槐 7.4，芝麻 6.3，乌桕 6.1，向日葵 6.0，南瓜 2.15，蒲公英 10.8，苹果 10.0，杏花 0.629。

4. 维生素 B_2

维生素 B_2 又称核黄素，是脱氢酶的主要成分，为活细胞氧化作用所必需。它对维持身体健康、促进生长和保护眼睛明亮有重要作用，可防治角膜炎、口角炎、舌炎、阴囊炎、脂溢性皮炎。此外，大剂量维生素 B_2 有明显抑制血小板凝集作用，改善心肌功能；维生素 B_2 有助于分解具有致癌作用的黄色素物质，对诱发膀胱癌的色氨酸代谢物有化解作用；还能增强大脑活力，消除疲劳。

厄尔·维维诺等报道北美鲜蜂花粉维生素 B_2 含量（毫克 /100 克）：蒲公英、李、苹果混合花粉为 1.92，三叶草花粉为 1.85，李、苹果混合花粉为 1.63。约伊里什报道多种花粉的维生素 B_2 含量（毫克 /100 克）：苹果 1.8，白芷 2.1，荞麦 1.6。我国学者刘凤云等测定青海油菜蜂花粉中含维生素 B_2 含量为 0.60 ～ 0.84 毫克 /100 克。苏松坤等测定新鲜茶蜂花粉维生素 B_2

含量为 2.74 毫克 /100 克。王开发等测定多种蜂花粉中维生素 B_2 含量（毫克 /100 克）：紫云英 1.13，芝麻 6.8，乌桕 2.7，西瓜 2.5，南瓜 2.31，苹果 1.8，刺槐 1.67，油菜 1.6，盐肤木 0.84，杏花 0.53。

5. 维生素 B_3

维生素 B_3 又称泛酸，是辅酶 A 的组成成分，在物质代谢中具有极其重要的作用。如乙吡基辅酶 A 能参与胆固醇、脂肪酸、乙酰胆碱和柠檬酸等重要代谢的合成。临床上可用于治疗白细胞减少症、原发性血小板减少性紫癜、冠状动脉硬化以及各种肝炎。蜂王浆的泛酸含量特别高，花粉中也含有相当数量。北美鲜蜂花粉中泛酸含量（毫克 /100 克）：三叶草 2.76，李、苹果混合花粉 2.26，黄菊、翠菊混合花粉 2.18，蒲公英、李、苹果混合花粉 1.6。瑞典尼尔森检测到玉米蜂花粉中泛酸含量为 0.99～1.27 毫克 /100 克。

6. 维生素 B_5

维生素 B_5 又称维生素 PP、尼克酸、烟酸，在体内可转变为烟酰胺，后者是辅酶 I 和辅酶 II 的组成部分，为细胞内的呼吸作用所必需。维生素 B_5 还有扩张末梢血管和降低血中胆固醇和甘油三酯的作用，因此可调节体内酶代谢，治疗高脂血症、动脉粥样硬化、缺血性心脏病；还可维护神经系统、消化系统和皮肤的正常功能。

美国厄尔·维维诺等报道，每 100 克北美黄菊、翠菊混合蜂花粉含维生素 B_5 为 21 毫克，三叶草蜂花粉 20 毫克，李、苹果混合蜂花粉 19.7 毫克，蒲公英、李、苹果混合蜂花粉 13.2 毫克。我国油菜蜂花粉中维生素 B_5 含量为 0.93～1.64 毫克 /100 克。王开发等报道了我国多种蜜源花粉中维生

素 B_5 含量（毫克 /100 克）：向日葵 15.7，刺槐 14.2，乌桕 8.4，紫云英 4.7，玫瑰 4.2，杏花 3.15，野菊花 0.607，西瓜 0.6，桃花 0.42，芥菜 0.345，党参 0.29。

7. 维生素 B_6

维生素 B_6 是吡啶的衍生物，在生物组织内以吡啶醛、吡啶醇及吡啶胺三种形式存在。它们在组织中经磷酸化成为磷酸吡啶醛，此物为生物机体内很多重要酶系统的辅酶。它参与的生理过程有氨基酸的脱羧基作用、氨基转移作用、色氨酸的代谢、含硫氨基酸的代谢以及不饱和脂肪酸的代谢等，与蛋白质和脂肪的代谢关系非常密切。临床使用维生素 B_6 抗贫血和作为脂溢性皮炎、癫痫等辅助治疗剂。

布伊阿等报道每 100 克蜂花粉的吡哆醇含量为 0.9 毫克。尼尔森测定蜂花粉的吡啶醇含量（毫克 /100 克）：玉米 0.55 ～ 0.57，桤木 0.54 ～ 0.57，山松 0.30 ～ 0.31。我国乌桕蜂花粉每 100 克含维生素 B_6 为 71.6 毫克，油菜蜂花粉每 100 克含维生素 B_6 为 0.62 ～ 1.23 毫克。

8. 维生素 B_7（生物素）

维生素 B_7 又称维生素 H、生物素，是体内许多羧化酶（固定 CO_2）的辅酶，对机体物质代谢有重要作用。王方凌在《花粉使你健与美》一书中介绍，每 100 克蜂花粉含维生素 B_7 为 0.62 毫克。

9. 维生素 B_9

维生素 B_9 又称维生素 M、叶酸，在体内可被还原成四氢叶酸，是一碳基因转移酶系的辅酶，在核酸和蛋白质合成中具有重要作用。当维生素 B_9 缺乏时，会导致红细胞 DNA 合成受阻，细胞分裂减慢且成熟推迟，发生巨幼红细胞贫血，因此以往主要用于治疗各种贫血症。近年来国外多项研究成果还表明，维生素 B_9 还有预防宫颈癌和预防心血管病特殊作用。联邦德国韦安德报道蜜蜂采集花粉干品叶酸含量（毫克/100 克）：蒲公英 0.68，红三叶 0.64，苹果 0.39，山楂 0.34。匈牙利混合蜂花粉的叶酸含量为 0.3 毫克/100 克。我国每 100 克蜂花粉含叶酸：蒲公英花粉为 0.68 毫克，苹果花粉为 0.39 毫克，油菜花粉为 1.94 ～ 2.68 毫克。

10. 胆碱

胆碱是组织中乙酰胆碱、卵磷脂和神经磷脂的组成部分，也是代谢的中间产物。胆碱有抗肝脏脂肪浸润的作用，可用于肝硬化的治疗。胆碱还能帮助胆固醇的搬运和利用，可用于防治动脉硬化和冠心病。

胆碱属于 B 族维生素。据斗泽宣久等报道，每 100 克蜂花粉中胆碱含量：玉米 690.73 毫克，南瓜 633.45 毫克，百合 337.79 毫克，松属 193.54 ～ 267.79 毫克。

11. 肌醇

肌醇也属于 B 族维生素，是动物和微生物的生长因子，它与胆碱一起具有抗脂肪肝作用，被用于防治脂肪肝、肝硬化和高脂蛋白血症。

尼尔森报道 4 种蜂花粉的肌醇含量：玉米 0.3%，桤木 0.28% ～ 0.3%，赤杨 0.35%，山松 0.9%。植酸及其盐类是肌醇的来源，植酸酶促使植酸盐水解为肌醇和磷酸。杰克逊等检测了 17 个科 28 种植物花粉的植酸含量，其中碧冬茄和金鱼草花粉的植酸含量均高达 2.1%。我国油菜花粉每 100 克中含肌醇 31.8 ～ 195.0 毫克。王方凌在《花粉使你健与美》一书中介绍，每 100 克花粉中含肌醇 900 毫克。

12. 维生素 C

维生素 C 的主要功能是促进细胞间质中胶原的形成，维持结缔组织完整性，防治坏血病，故又称抗坏血酸。现代药理及营养学研究表明，维生素 C 作为一种抗氧化剂，有抗衰老的作用；能使血中免疫球蛋白合成增加，提高机体免疫功能；能促进造血和解毒作用，阻断亚硝酸类致癌物的合成；能使胆固醇转变为胆汁酸由肠道排出体外，因而减少胆石症的发生；有降血糖作用，能预防糖尿病神经及血管病变的发生与发展；能降低黑色素的代谢与生成，对女性蝴蝶斑、黄褐斑等有明显治疗作用；还有防治感冒的功能。

沙皮罗等报道，蜜蜂采集的每 100 克白俄罗斯花粉中维生素 C 含量以柳属（88.09～205.55 毫克）、梨（185.42 毫克）、苹果（143.03 毫克）和水杨梅（74.17 毫克）比较高，野苦菜、荞麦、侧金盏花、马林果和柳叶草的维生素 C 含量仅有 7.08～10.47 毫克。刘凤云等报道，青海油菜蜂花粉每 100 克维生素 C 含量为 26.54～32.58 毫克。杜红霞等报道，每 100 克玉米蜂花粉含维生素 C 41.76～44.04 毫克。王开发等对多种蜂花粉的测定结果，维生素 C 含量（毫克 /100 克）：芝麻 83.5，芸薹 80，茶花 67.5，玉米 52.0，荞麦 52.0，木豆 43.5，蚕豆 41.75，向日葵 41.5，油菜 41，野菊 38，沙棘 37，罂粟花 37，沙梨 35.5，瓜类 34，椴树 27.5，黄瓜 25，胡桃 23.5，乌桕 23.5，荆条 21.25，苹果 19.5，飞龙掌血 18，田菁 17.5，蒲公英 16，胡枝子 15，板栗 15，香薷 12.5，紫云英 10.05，柳树 9.0，黑松 9.0，蜡烛果 3.5，山里红 3.0。苏松坤等报道，新鲜茶花蜂花粉每 100 克中含维生素 C 为 1.2 毫克。

13. 维生素 D

维生素 D 具有促进钙质吸收的作用，主要用于防治小儿佝偻病、骨软化症疾患。现代研究发现，维生素 D 具有预防乳腺癌的功能。

美国厄尔·维维诺等测定每克蜂花粉脂类含维生素 D 0.2 ～ 0.6 国际单位。我国学者刘风云等报道，油菜蜂花粉每 100 克含维生素 D 0.21 ～ 0.23 毫克。王开发等报道了几种蜂花粉维生素 D 含量（毫克 /100 克）：紫云英 1.54，党参 0.656，猕猴桃 0.52，草木樨 0.366，泡桐 0.366，油菜 0.345，苹果 0.2，桃花 0.038。

14. 维生素 E

维生素 E 又称生育酚，是一种强抗氧化剂，具有广泛的医疗保健功效：能增强性功能，改善生育机能；能抑制过氧化物等有害物质的产生，从而全面保护人体细胞，增强机体活力，延缓衰老；能提高机体免疫功能，增强抵御各种疾病侵袭的能力；能降低血浆胆固醇，故有抑制动脉硬化的作用；能促进毛细血管及小血管的增生，改善心肌供血，减少血栓形成；能抑制肿瘤细胞生长，从而使癌症的进展得以控制；还可以用于产后缺乳、月经过多、更年期综合征、口腔溃疡等多种病症的治疗。

我国学者刘风云等测定油菜蜂花粉每 100 克含维生素 E 为 0.06 ～ 0.18 毫克。杜红霞等报道，玉米蜂花粉每 100 克含维生素 E 14.4 ～ 15.3 毫克。王开发等对多种蜂花粉进行了维生素 E 含量的测定（毫克 /100 克）：蜡烛果 1 256.6，苹果 1 002.5，紫云英 861.5，柳树 861.5，罂粟花 833，板栗 776.5，黄瓜 769.5，向日葵 762.4，油菜 642.5，沙梨 635.5，胡枝子 614，山里红 593，瓜类 591.2，椴树 501.5，蒲公英 473，沙棘 395.3，乌柏 353，玉米 332，野菊 319，飞龙掌血 305，木豆 296.5，色树 282.5，荞麦 279.5，芸芥 260，茶花 233，荆条 97.25，芝麻 84.5，胡桃 63.88，蚕豆 62.5，黑松 22.75。苏松坤报道，新鲜茶花蜂花粉每 100 克含维生素 E 6.6 毫克。

15. 维生素 P

维生素 P 又称芸香苷、芦丁，是人体极为宝贵的营养素，对毛细血管具有良好的保护作用，能增强毛细血管壁强度，用于治疗毛细血管通透性障碍，对预防脑出血、视网膜出血和某些心血管病有重要作用。此外，还有利尿及轻微降血压作用。

据约伊尼什报道，每 100 克荞麦蜂花粉中含维生素 P17 毫克，巢房取出的储存花粉（蜂粮）中含维生素 P13 毫克。匈牙利混合蜂花粉每 100 克含维生素 P60 毫克，日本松花粉 25 毫克。

16. 维生素 K

长期以来，维生素 K 主要作为凝血药物来使用。近年研究表明，维生素 K 还具有促进钙质吸收的作用，因而有人称它为"骨髓的强壮素"。此外，维生素 K 还可以用于治疗功能性疼痛及小儿百日咳。

维生素 K 分为 K_1、K_2、K_3。我国几种蜂花粉中的维生素 K 的含量（毫克/100 克）：紫云英 0.6，茶花 0.3，桃花 0.192，党参 0.131，油菜 0.12，草木樨 0.06，刺槐、柳树为 0.04。蜂花粉中含维生素 K_1（毫克/100 克）：油菜 0.4，苹果 0.11，草木樨 0.06，刺槐 0.04，金橘 0.186，猕猴桃 0.026，泡桐 0.06，党参 0.131，蒲公英 0.185。蜂花粉中含维生素 K_3（毫克/100 克）：紫云英 0.6，草木樨 0.032，茶花 0.3，猕猴桃 0.031，泡桐 0.0342，西瓜 0.24，党参 0.121。

（五）常量元素和微量元素

组成生物机体的主要化学元素中，碳、氢、氧、氮占人体体重的96%，除碳、氢、氧、氮主要以有机化合物形式出现外，钙、磷、钾、硫、钠、氯、镁、硅，这些在人体内含量都在万分之一以上的，称常量元素；在生物学和医学领域中，把生物体中含量在万分之一以下的元素称为微量元素，目前已知有15种微量元素被确认是动物或人类生理所必需的，即铁、碘、铜、锌、锰、钴、钼、硒、铬、镍、锶、锡、硼、氟和钒。在生命活动中，这些元素不但是生命体内的构成成分，而且同时参与了酶、激素、蛋白质、维生素的合成和代谢。人体内不能自行合成这些营养元素，必须通过吃食物、服用或注射，或者呼吸及皮肤渗透从外界摄入。

蜜源花粉中富含常量元素和微量元素。胡欣等应用原子吸收分光光度法测定37种蜂花粉样品微量元素结果报道：蜂花粉的一大特点就是含有多种元素，这些元素与维生素类一样是调节身体功能的重要营养素，人体必需微量元素就有14种之多，而花粉几乎都有，所以经常服用花粉对促进身体健康是有益的。据我国学者对近80种花粉常量元素和微量元素的分析，从花粉中已测试出的元素有铁、钙、铝、镁、钡、铍、锰、锆、钛、铅、锡、镓、铬、镍、钼、钒、铜、镱、溴、钇、锌、钴、锶、铋、银、铷、硼、硒、钠、钾、磷、硅、碘、砷、硫、镧、氟、氯、镝、金、锂、镉及钪等。曾志将等还从油菜、茶花、玉米蜂花粉中测出铈、镨、钕、钐、钆、铽、铒、铕、铥、镥等稀土元素。随着检测技术的提高和革新，花粉中还会有新的元素被发现。

杨开等对12种蜂花粉中的20种常量元素和微量元素进行了测定，花粉中对人体有益的常量元素和微量元素含量较高，其中荷花花粉（钾、镁）、茶花花粉（镁、锌）、松花粉（钾、铁、锰）和蚕豆花粉（钙、铁、锌）元素含量相对较高。对人体有害的重金属元素铬、铅和汞在蜂花粉中的含量均较低或未检出。值得注意的是花粉中铝元素的含量较高，普遍在 100 微克 / 克以上，尤其是松花粉中铝元素高达 416.7 微克 / 克。

王开发等对我国近 40 种蜜源花粉进行常量元素和微量元素分析，其在花粉中含量差别亦很大，如铁元素在荞麦、玉米、山里红和香薷花粉中含量最高；钙元素含量高的花粉为紫云英、沙梨、板栗、木豆、荞麦、蒲公英、色树和芝麻；钠元素以飞龙掌血、蜡烛果、荞麦、香薷、色树花粉最高；磷元素是玉米、盐肤木、飞龙掌血、板栗、柳树花粉为高；铝元素以荞麦、香薷、玉米花粉最高；锰元素含量高的有油菜、芝麻、茶花花粉；镍元素以椴树、荞麦、柳树花粉最多；钇元素含量高者为荞麦和黄瓜花粉；钒元素以荞麦、盐肤木、乌桕花粉含量高；硒元素以泡桐、向日葵、紫云英花粉含量高；钴元素含量高的为蜡烛果、胡枝子、香薷、泡桐、芸芥花粉；铜元素以盐肤木、蜡烛果、飞龙掌血、油菜花粉含量高；锆元素以荞麦、山里红、木豆、色树、香薷花粉含量高；硅元素以香薷、荞麦、蜡烛果、玉米、山里红花粉为高含量者；硼元素含量高的为山里红、蒲公英、香薷花粉；铬元素含量高的为茶花、芝麻、玉米、柳树花粉。不同植物花粉所含的常量元素和微量元素很不一样，主要与粉源植物及植物生长的地域有非常大的关系。

蜂花粉中的钾含量相当高，在 4 306 ～ 9 968 微克 / 克，均值为 6 151 微克 / 克 ±1 427 微克 / 克。相对而言蜂花粉中的钠含量较低，在 92.54

微克/克～450.9微克/克，均值为253.3微克/克±84.2微克/克。长期用（含高钾低钠的花粉）可预防和治疗高血压、糖尿病、冠心病和肾脏疾病。

钙在蜂花粉中的含量范围在1 960～6 360微克/克，均值为4 235微克/克±1 261微克/克。钙占人体氯元素的1.5%，是重要的细胞内信使，钙离子对淋巴细胞和吞噬细胞能起调节作用，还能激活腺苷酸环化酶和鸟苷酸环化酶，调节cAMP和cGMP的合成和分解。钙制造骨、齿等硬组织，并能增加心肌收缩，具有抑制肌肉的兴奋性，镇静神经对刺激的感受性，钙还有利于维生素B$_{12}$的吸收。因此，利用花粉制剂来治疗由于钙缺乏而引发的疾病一定能得到良好的效果。

蜂花粉中的镁含量也很丰富，含量在999～4 431微克/克，均值为1984微克/克±657.6微克/克。镁作为心血管系统的保卫者，具有使某种酶素活性化，抑制神经兴奋，提高刺激肌肉时的兴奋性作用，可防止多种药物对心血管系统的损伤，还可有效地预防因食用含高胆固醇而引起的冠心病。目前，蜂花粉制剂对心血管系统的作用已受到重视。

蜂花粉中的铜含量在4.97～27.58微克/克，均值为12.54微克/克±3.9微克/克。人体内的铜参与造血过程，直接影响铁的吸收和利用，铜具有酶和激素的生理催化作用，也是体内许多金属酶的组成成分，如血浆铜蓝蛋白、细胞色素c氧化酶、超氧化物歧化酶（SOD）和酪氨酸酶等。体内缺铜，会引起血色素减少、贫血，并易发骨折、骨变形等疾病。

被称为"生命之花"的锌元素在花粉中的含量也很高，在24.73～99.09微克/克，均值为36.04微克/克±14.54微克/克。人体内的锌缺乏会引起多种疾病已是众所周知，尤其是儿童缺锌症引起小儿食欲减退、发育迟缓、免疫力下降，并能引发儿童哮喘病等。这些都是由于锌在体内的特殊作用所决定的。锌与人体内 80 种酶的活性有关，特别是通过形成 RNA、DNA 聚合酶，可直接影响核酸与蛋白质的合成，影响细胞的分裂、生长、再生。因此利用蜂花粉来达到补锌的目的一定是深受欢迎的。

蜂花粉中还含有大量的铁，均值为 446.1 微克／克 ±263.8 微克／克。其中最高可达 1534 微克／克。铁在体内参与血红蛋白、肌红蛋白、细胞色素过氧化酶等的合成，并与乙酰辅酶 A、琥珀酸脱氢酶、红细胞色素还原酶的活性密切相关。缺铁会引起细胞色素及酶的活性减弱，以致氧的运输供应不良，引起贫血。

锰在蜂花粉中的含量为 8.57～44.26 微克／克，均值为 23.5 微克／克 ±44.26 微克／克。锰是精氨酸酶、脯氨酸肽酶、丙酮酸羧化酶、RNA 多聚酶、SOD 酶等的组成成分，锰参与蛋白质的合成，还参与遗传信息的传递，缺锰会引起贫血、癌肿、骨畸形、智力低下，因此花粉中锰的作用是不容忽视的。

蜂花粉中的元素铬、镍、钴也是人体所必需的微量元素。如三价铬能协助胰岛素发挥生化作用，缺铬会引起糖尿病，钴、镍具有刺激造血机能，也是激活一些酶所必需的物质，具有重要的生理功能。蜂花粉中铬的含量为 0.184～1.888 微克／克，均值为 0.495 微克／克 ±0.342 微克／克；镍的含量为 0.268～3.912 微克／克，均值为 0.782 微克／克 ±0.613 微克／克；钴的含量为 0.032～0.918 微克／克，均值为 0.129 微克／克 ±0.089 微克／克。但这几种元素在蜂花粉中含量都极低，甚至检测不到。

（六）酶类

　　酶是影响细胞代谢的重要物质，因对摄入生物体内的营养成分进行分解、合成时起催化作用而称为生物催化剂。但酶与其他催化剂不同，能在机体十分温和的条件下高效率地起催化作用，使生物体内的各种物质处于不断地新陈代谢之中，所以酶在生物体的生命活动中占有极重要的地位。蜂花粉中含有上百种酶，例如转化酶、淀粉酶、氧化还原酶、磷酸酶、催化酶等，对于植物养料贮藏、花粉的发芽，帮助花粉通过雌蕊，刺激胚胎发育和子房成熟也起很大的作用。生物体内的各种化学反应几乎都是在相应的酶参与下进行的，花粉中的转化酶能把蔗糖分解为葡萄糖和果糖，淀粉酶则帮助淀粉分解。由于花粉中的酶类完全是天然的，而且保存着酶类的活力，具有强大的抗衰老功能和恢复青春活力的功效，所以花粉中所含的酶是其宝贵的重要功能性成分。

　　蒋滢等对35种蜜源花粉进行了葡萄糖氧化酶测定，结果35种花粉中葡萄糖氧化酶含量（国际单位/100克）：山里红958，盐肤木917，板栗833，沙棘708，木豆646，泡桐637，柳树、乌桕、瓜类625，香薷、蒲公英、油菜542，向日葵、黑松500，胡枝子、色树458，田菁449，黄瓜、飞龙掌血、烟草417，野菊396，胡桃349，罂粟花375，荞麦、茶花313，蜡烛果、芸芥292，芝麻208，椴树188，蚕豆175，苹果146，玉米125，紫云英、沙梨104，荆条99.8。他们还对7种花粉中腺苷脱氢酶等4种酶的含量进行测定，结果（国际单位/100克）：乳酸脱氢酶，芝麻18、向日葵3.12、泡桐1.33、茶花0.36、草木樨6.36、玫瑰2.28、椰头草3.12；碱性磷酸酶，芝麻0.077、向日葵0.038、泡桐0.038、山花0.096、草木樨0.038、玫瑰 0.058、椰头草 0.047；谷草转氨酶，芝麻 0.26、向日葵 0.26、泡桐 0.31、山花 0.40、草木樨 0.45、玫瑰 0.40、椰头草 0.40；腺苷脱氢酶，草木樨 4.8、椰头草 7.2，其他花粉未检出。

苏松坤等对蜂花粉中延衰因子超氧化物歧化酶（SOD）活性的研究表明，不同粉源的新鲜花粉所含 SOD 活性差异很大，新鲜茶花花粉 SOD 为 156.3 国际单位 / 克，商品茶花花粉 SOD 为 101.2 国际单位 / 克，蜂粮的 SOD 为 118 国际单位 / 克，而蚕豆花粉的 SOD 仅 31.6 国际单位 / 克。他们在另一项研究中，检测晒干茶花花粉酶的活性，SOD 为 203.8 国际单位 / 克，淀粉酶为 6.67 国际单位 / 克，过氧化氢酶为 321.9 国际单位 / 克。

根据日本学者研究，在花粉中至少含有 94 种天然酶。R. G. Stanley 在 *Pollen* 一书中总结了各学者的研究成果，共发现有 104 种酶，分属于氧化还原酶、转移酶、水解酶、裂解酶、异构酶和连接酶共 6 类。

1. 氧化还原酶类

目前已在花粉中共发现有 30 种氧化还原酶，如醇脱氢酶、谷氨酸脱氢酶、D- 阿拉伯糖醇脱氢酶、L- 氨基酸氧化酶、肌醇脱氢酶、单胺氧化酶、UDP 葡萄糖脱氢酶、硫辛酰胺脱氢酶、乳酸脱氢酶、细胞色素氧化酶、苹果酸脱氢酶、O- 玫酚氧化酶、酪氨酸酶、异柠檬酸脱氢酶、抗坏血酸氧化酶、磷酸葡萄糖脱氢酶、脂肪酸过氧化酶、丙二酸半醛酶、过氧化氢酶、磷酸丙糖脱氢酶、内消旋肌醇氧化酶、葡萄糖脱氢酶、琥珀酸脱氢酶、乙醇脱氢酶、环己六醇脱氢酶、尿苷二磷酸 – 葡萄糖脱氢酶、6- 磷酸葡萄糖脱氢酶、肌醇氧化酶等。

Okunnki 最早从花粉中检测出细胞素氧化酶；Murphy 在云杉花粉中

测出几种细胞色素氧化酶的同工酶，P. Arnolai 检测 42 科共 65 种植物花粉的几种氧化酶，发现石竹科、唐菖蒲属花粉酶活性高，而禾本科、百合科花粉酶活性变化低，较原始的毛茛目花粉几乎缺乏氧化酶活性。所以，Razmbhgov 认为较原始的裸子植物花粉比较进化的被子植物花粉氧化酶活性低。

2. 转移酶类

目前已在花粉中共见有 22 种转移酶，如天冬酸氨甲酰基转移酶、P–酶麦芽糖 –4– 葡萄糖基转移酶、麦芽糖转葡萄糖基酶、海藻糖磷酸 – 尿苷二磷葡萄糖基转移酶、α 葡聚糖 – 歧化葡萄糖转移酶、尿苷二磷酸 – 半乳糖葡萄糖基转移酶、天冬酸氨基转移酶、丙氨酸氨基转移酶、甘氨酸基转移酶、磷酸葡萄糖变位酶、DNA 核苷酸基转移酶等。花粉中许多转移酶还有把葡萄糖聚合成纤维素和果胶质的作用。

3. 水解酶类

目前已在花粉中共发现有 33 种水解酶，主要为羧酸酯酶、芳香基酶、酯酶、角质酶、果胶甲酯酶、碱性磷酸（酯）酶、酸性磷酸（酯）酶、肌醇六磷酸酶、海藻糖磷酸（酯）酶、磷酸二酯酶、脱氧核糖核酸酶、芳香基硫酸酯酶、α – 淀粉酶、β – 淀粉酶、纤维素酶、昆布多糖酶、多聚半乳糖磷酸酶、α – 葡萄糖苷酶、β – 葡萄糖苷酶、甘露糖苷酶、海藻糖酶、β –N– 乙酰氨基葡萄糖苷酶、赖氨酸氨肽酶、氨肽酶、胃蛋白酶、胰蛋白酶、酰化氨酸水解酶、无机焦磷酸酶等，这类酶在花粉中被大量发现。M.Donald 发现玉米花粉含有草酰乙酸酶、羧酸酯酶（β – 酯酶）和芳香基酯酶（A– 酯酶），而胃蛋白酶、膜蛋白酶在烟草属、矮牵牛属、水稻花粉中含量是高的；另外，在研究过的花粉中都普遍地发现了高含量酸性磷酸酶。

4. 裂解酶类

目前在花粉中发现有 11 种裂解酶，它们是丙酮酸脱羧酶、草酰乙酸脱羧酶、丙酮二酸脱羧酶、谷氨酸脱羧酶、磷酸丙酮酸脱羧酶、二磷酸核糖苷羧酶、酮糖十一磷酸缩醛酶、柠檬酸合成酶、苯丙氨酸脱氨基酶等。Nygaard 研究证明，花粉中含有 8 种参与把甘氨酸代谢为磷酸肌苷的酶（IMP）。

5. 异构酶类

目前在花粉中仅发现有 5 种异构酶，即尿苷二磷酸葡萄糖异构酶、阿拉伯糖异构酶、木糖异构酶、磷酸核糖异构酶、磷酸葡萄糖异构酶。在花粉中这类酶的种类虽少，但却是花粉中最活跃的酶，它们在碳水化合物和碳水化合物的衍生物代谢中起催化剂作用。

6. 连接酶类

目前是花粉中发现最少种数的一类酶，仅见有羧化酶、叶酸连接酶、D-葡萄糖 -6- 磷酸环化乙醛酶（NAD^+）。这类酶在花粉中的活性尚未研究清楚。连接酶常常称之合酶，是催化两个分子结合，同时放出 ATP、GTP 或类似的三磷酸中的焦磷。

7. 其他酶类

在花粉中尚发现了几种未能分类的酶，如脂酸连接酶；在玉米、黑麦属花粉中发现一种脂肪酸辅酶；Scott 报道在牵牛花花粉中见有细胞壁降解酶。

（七）黄酮类

蜂花粉中的黄酮类是一类重要的生理活性物质。现代研究表明，黄酮类化合物具有抗氧化、清除机体内自由基、调节免疫功能、抗肿瘤、抗菌抗病毒、抗动脉硬化、降低血脂、保肝、解痉、镇痛和辐射防护作用。花粉中黄酮类物质含量丰富。目前，从花粉中发现的黄酮类化合物有：黄酮醇、槲皮酮、山柰酚、杨梅黄酮、草木樨素、异鼠李素、原花青素、二氢山柰酚、柚（苷）配基、芹菜（苷）配基等。

Le-wis 最早报道从花粉中提取出黄酮类。Kunm 和 Low 从新鲜的番红花属花粉获得 0.56% 的类黄酮糖苷（大多数类黄醋是以糖苷的形式存在）。Wopa 从中东的海枣花粉获得 2.4% 的槲皮酮，他认为槲皮酮或它的衍生物可能是花粉中最普遍的黄醋类化合物。Wiermann 对 140 种花粉分析发现，大多数科属花粉中都存在槲皮酮；双子叶植物花粉一般含山柰酚较高；木樨草素仅在少数花粉中发现；金缕梅科以异鼠李素为多，而菊科的某些种含槲皮酮和山柰酚较高。Hisamichi 等研究证明，松属和针叶树花粉含黄酮类化合物都是非常丰富。Aiscumichi 确定黑松和日本赤松花粉含有异鼠李素和栎精素。沙皮罗等报道，蜜蜂采集的榆叶蚊子草、梨、草地三叶草、水杨梅、油菜、苜蓿和脆柳花粉的黄酮醇含量高（1 398.25 ~ 2 549.9 毫克/100克），风铃草、荞麦、鼠李和蒲公英花粉含黄酮醇较少（147.6 ~ 306.09 毫克/100 克）。同时他们还证实：原花青素（属黄烷醇类）含量高的花粉采自蓝矢车菊、油菜（741.0 ~ 770.5 毫克/100 克），草地三叶草、侧金盏花、风铃草、柳叶草、野苦菜和垂柳（227.5 ~ 485.5 毫克/100 克），含量低的是黄羽扇豆、合页子、马林果、苜蓿、鼠李和脆柳花粉（81.9 ~ 113.75 毫克/

100 克）。李红兵等对荷花花粉、油菜花粉、荞麦花粉、向日葵花粉、茶花花粉和枸杞花粉6种主要的蜂花粉中黄酮进行了测定，其含量分别为（克/100 克）：1.71±0.61，3.35±0.55，0.87±0.43，2.02±0.44，1.07±0.20，2.42±0.35。

湖南省中药研究所从长苞香蒲花粉中分离出4种黄酮结晶单体，即异鼠李素、槲皮素、异鼠李素-3-O-芸香糖苷和一个尚未完全鉴定的异鼠李甙。而在精制的玉米蜂花粉中至少含有7种黄酮类化合物，即槲皮素-3，3'-O-二葡萄糖苷、槲皮素-3,7鼠-O-二葡萄糖苷、槲皮素-3-O-葡萄苷、槲皮素-3-O-葡萄苷-3'-葡萄糖苷、异鼠李素-3，4'-O-二葡萄糖苷、异鼠李素-3-O-新橙皮苷、异鼠李素-3-O-葡萄糖苷。

徐玲云报道，他们对全国各省部分地区36个样品进行黄酮类含量的测定结果：油菜花粉含量最高，达2.8%～3.56%，乌柏花粉为2.22%，虎杖子花粉2.12%，荞麦花粉0.75%，向日葵花粉0.62%，党参花粉0.42%，蔬菜瓜果花粉0.29%，棉花、芝麻和水稻花粉仅0.37%。王开发等测试我国常见蜂花粉中总黄酮类含量（毫克/100 克）：板栗9.08，茶花5.35，木豆4.14，紫云英3.92，芸芥7.7，油菜3.56，胡桃3.27，黄瓜3.07，香薷2.63，胡枝子2.58，荞麦2.18，乌柏16.4，野沙棘13.7，蚕豆0.97，玉米0.92，野菊0.59，荆条0.42，向日葵0.32，瓜类0.25，黑松0.2，苹果0.12，而白皮松花粉未测出总黄酮。

（八）激素

蜂花粉中含有多种植物调节激素，除了早已证明的吲哚乙酸（生长素）

外，相继证明有赤霉素、细胞分裂素、油菜素内酯、乙烯和生长抑制剂（芸薹素、促性腺激素、雌激素）等。这些植物生长调节激素不一定在一种花粉中同时存在，但花粉普遍含有植物生长调节激素。近一个世纪以来，人们发现植物激素与动物激素有一定的相关，如能从植物中获得雌激素，也能从尿中获得植物激素——生育素。埃及埃尔–赖迪报道，从去脂枣椰花粉中提取粗制促性腺激素的得率为3%，提纯后可得促滤泡激素和黄体生成素纯品；应用这一花粉促滤泡激素饲喂大白鼠的实验结果，证明了应用枣椰花粉能够治疗不孕症。

生长激素是人体脑垂体所分泌的一种激素，它由191个氨基酸残基组成的多肽类激素，能加强体内DNA、RNA以及蛋白质的生物合成，促进儿童生长发育；还参与调节糖、脂肪代谢。有关花粉中含有人体生长激素，最先是由国内首次报道。蒋滢等对35种蜂花粉进行活性物质分析，除荆条花粉未测出生长激素外，其他34种蜂花粉均含有生长激素，含量（微克/100克）：蚕豆8.35，蜡烛果7.06，田菁3.94，胡桃3.81，香薷3.41，泡桐2.98，紫云英2.95，飞龙掌血2.69，色树2.22，板栗0.78，玉米和芸芥0.75，荞麦0.74，山里红0.67，向日葵0.58，野菊0.57，蒲公英0.54，木豆0.5，茶花0.41，盐肤木0.32，苹果0.31，椴树0.24，油菜0.12。

此外，最近美国科学家又发现一种新生长促进激素，具有类固醇的结构，不仅促进生长，还有防止老化的作用。浙江医科大学用高效液相色谱进行分析，发现蜂花粉中有雌二醇存在，每克蜂花粉含1.82毫克，并证实此物能诱发动物的培养细胞雌激素受体活性。因此，用其治疗人的不育不孕症可收到理想的效果。

三、解疑蜂花粉营养误区

1. 蜂花粉比天然松花粉营养更胜一筹

虽然蜂花粉的营养价值更优，但历史记载的花粉以人工收集的松花粉为多，主要原因是由于古人缺乏器械对蜜蜂采集蜂花粉进行脱落，因而难以获得大量的蜂花粉。2001 年国家卫生部将油菜、芝麻、玉米、荞麦、高粱、紫云英和向日葵这 7 种蜜蜂采集的虫媒花粉和人工采集的风媒松花粉，首批开发为特种食品。目前，以蜂花粉为原料经国家卫生部和国家食品药品监督管理局批准，获得功能保健食品准品文号的产品已有几十个品种。研究表明，松花粉的蛋白质、脂肪、维生素、微量元素及生物活性物质总黄酮等含量明显低于蜂花粉。松花粉的营养成分明显低于油菜、芝麻、荞麦等蜂花粉。蜂花粉国家标准规定，蜂花粉的蛋白质含量必须大于等于15%，但松花粉的蛋白质含量最高为 8%。目前，我国有关部门尚未发布松花粉的国家标准。

2. 蜂花粉含有激素促进早熟误区

随着科学知识的普及，有人提出蜂花粉中含有一定量的激素，担心食用会使儿童性早熟。其实，这种担心也是没有必要的。事实上，过多补充激素的确会使儿童早熟，但正常食物中所含的激素水平远远达不到引起早熟的激素量。许多天然食物中都含有一定量的人体所需性激素，例如母乳、牛奶、鸡蛋等。花粉中所含雄性激素量与牛奶等食品中的含量处于同一数量级，在安全的食用范围内。因此，花粉不会引起儿童性早熟。

3. 蜂花粉必须破壁食用误区

前几年，有学者提出蜂花粉要破壁食用，这一言论使消费者对蜂花粉产生了不必要的误解。实际情况是，人类食用花粉后，花粉在胃肠中停留的时间较长，足以让水分使花粉壁上的萌发孔张开。实验证实，花粉不破壁，食用后其有效成分也能被很好地吸收。

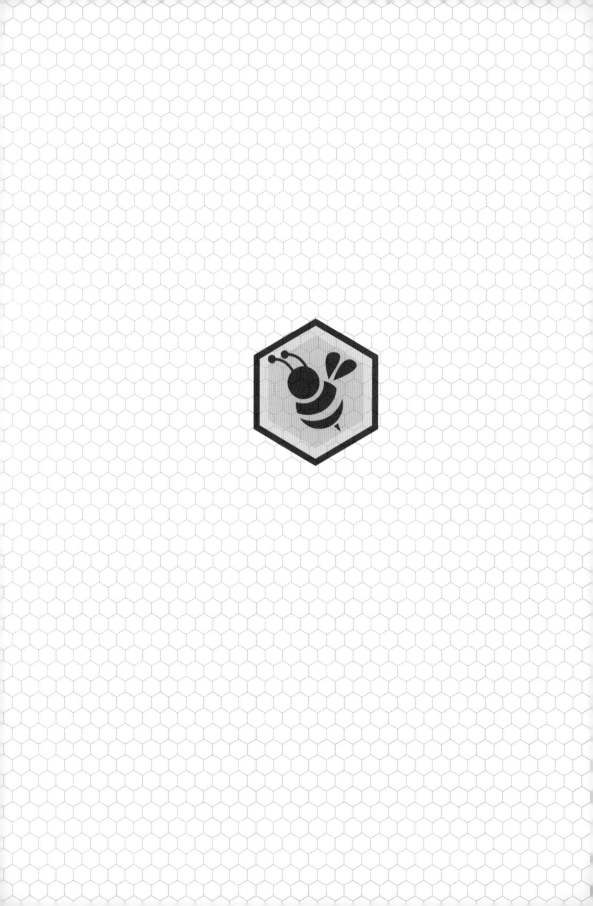

专题三
蜂花粉的种类和功效

　　花粉是一种营养全面的食疗佳品，被誉为"一种奇妙的食物、神奇的药品和青春的源泉"。花粉具有强体力、增精神、抗衰老、防疾病、增强免疫力和美容养颜等功效，国内外已将蜂花粉作为人类的保健食品。认识蜂花粉，了解蜂花粉的妙用，正确食用蜂花粉，可更好发挥这一天然保健品在提高人们健康水平和延年益寿方面的作用。

一、古今中外对蜂花粉使用的记载

我国是世界上最早人工采集和利用花粉作为食疗佳品的国家之一。早在2 000年前，我们的祖先就已经开始认识和利用蜂花粉。伟大的爱国诗人屈原在他的唱诗《离骚》中就有"朝饮木兰之坠露，夕餐秋菊之落英"的著名诗句。其中，"秋菊之落英"就是指秋天菊花飘落下来的花瓣。我国第一部药典《神农本草经》就有香蒲花粉的记载，称香蒲花粉为蒲黄，列为上品药，说它"味甘、平，主心腹膀胱寒热，利小便，止血，消瘀血"。松是长寿的象征，松花粉是松树的精英，自古被我国人民视为延年益寿的佳品。古医籍称松花粉"甘、温、无毒"，有"润心肺、益气、祛风止血、壮颜益寿"等功能。1 000多年前，世界上第一部由国家颁布的药典——唐《新修本草》（659年版）记述松花粉可食用和疗病，"松花名松黄，拂取似蒲黄。酒服轻身疗病"。明代伟大的医药学家李时珍在《本草纲目》中论述"月季花粉汤"，用月季花粉加入已冲好的糖水中服用，可治闭经、痛经、疮疖肿毒和创伤肿痛等症。明朱橚等人的《普济方》有以花粉所制的"美容方"，系以红莲花、白莲花、梨花、梅花等花蕊配制的复方，专门用来治面黚、粉刺、雀斑等面部皮肤病。中国科学院院士、著名医药学家叶桔泉教授评价"花粉是多功能全方位的治疗与保健的天然珍奇宝物"。

花粉在国外也不陌生。中美洲和南美洲最古老的居民印第安人以玉米为粮食，他们不仅吃玉米的籽粒，连玉米的花粉也被他们做成味美而富有营养的汤食用。古罗马传说花粉是"神的食物"，被誉为"青春与健康的源泉"。日本专门把花粉做成各种美味食品，作为营养佳品以供享用。芬兰教练在训练参加奥运会的参赛选手时，每天让他们服用一定量的花粉食品。当代最著名的世界保健学权威帕夫埃罗拉博士称："花粉是自然界最完美、营养最丰富的食物，它不但能增强人体抗病能力，同时也能加速疾病的康复，还有倒退生命时钟的功能。总之，花粉是一种奇妙的食物、神奇的药品和青春的源泉。"

二、蜂花粉的主要保健作用

2 000 年前，我国就将花粉列为养生补益的重要药物。近 20 余年来，国内外开始用蜂花粉作为营养补剂。现知蜂花粉中含有机体所需的各种营养物质，因而人们称蜂花粉为"完全营养源"。目前，国内将蜂花粉做成各种制剂，用于治疗心血管病、前列腺炎和抗衰老、增强运动员耐力，作为多种临床疾病的治疗药物，制成饮料及化妆品等。

蜂花粉具有广泛生物功能，诸如增强机体的代谢能力，提升机体免疫力，调节内分泌，改善心血管状态和增强机体的应激能力等。

1. 抗衰老作用

花粉能清除体内过多的自由基，减少体内脂质过氧化物（LPO）形成，从而具有延缓衰老的功效。目前认为人体内超氧化物歧化酶（SOD）活性的提高，脂质过氧化物和脂褐质含量的降低，有助于延缓机体的衰老。蜂花粉富含丰富的胡萝卜素、维生素 C、维生素 E 和微量元素硒、锌、铜、锰、钴以及黄酮类化合物等成分，可以消除在人体代谢过程中累积的过多自由基；花粉中所含 SOD 是酶类清除自由基物质之一。花粉中丰富的维生素 C、维生素 E 和硒、锌、半胱氨酸等能阻止生成 LPO 或降低其含量。因此，花粉有助于提高人体 SOD 的活性，降低 LPO 和脂褐质的含量，从而具有增强体质和延缓衰老的作用。

2. 增强免疫和抗肿瘤功能

花粉对正常及营养不良所致免疫功能低下的动物具有显著的促进和调整作用。花粉能促进脾脏、骨髓、淋巴结和胸腺免疫器官的发育，增强免疫细胞的活性，提高机体的免疫功能。并且对移植性肿瘤有抑制作用，特别是能促进与肿瘤免疫密切相关的 T 淋巴细胞和巨噬细胞的活性，从而增强机体免疫功能。

蜂花粉中含有的多糖、维生素 A 和 β–胡萝卜素、维生素 E、维生素 C、硒等是肿瘤预防和治疗的功能因子。研究表明，多糖的抗肿瘤活性十分强烈，并能产生、激活巨噬细胞，从而提高人体免疫力。流行病学调查表明，缺乏维生素 A 或胡萝卜素的人最易患肺癌，其次是子宫内膜癌、食管癌、胃癌等。局部或系统地补充维生素 A 对良性或恶性肿瘤的诱导生长均有预防和抑制作用。另外，通过给患口腔肿瘤的小鼠注入 β–胡萝卜素溶液的试验表明，癌细胞迅速坏死、缩小甚至死亡。花粉中维生素 A 和胡萝卜素含量都比较丰富，维生素 A 以苹果、蒲公英、沙梨、紫云英花粉最为丰富，分别达（国际单位 /100 克）92 310、83 075、70 000、50 000；紫云英花粉的胡萝卜素含量就高达 234.3 毫克 /100 克，远比一般的食品含量高。

3. 调整胃肠功能

食用蜂花粉不但能增加食欲，促进消化系统对食物的消化吸收，还能起到增强消化系统功能的作用。蜂花粉能够抑制病原微生物繁殖，是胃肠道很好的功能性调节剂。花粉中含有抗菌抗病毒作用的物质，对沙门菌、大肠杆菌等有良好的杀灭作用，因而有"肠内警察"的美称。同时，花粉中含有各种维生素和纤维素等，促进肠胃道消化液的正常分泌、活跃胃肠道功能、帮助消化、增进食欲，对胃肠功能紊乱、溃疡以及腹泻有良好的保健作用。服用蜂花粉，可以使胃口不佳、消化不良以及吸收功能较差的消瘦病人强壮起来；使患有便秘的中老年人症状减轻，大便顺通，还可减轻肠内致病微生物引起的肠炎腹泻等病症，对急、慢性胃炎和胃溃疡患者也有一定的疗效。

4. 保肝作用

肝脏是人体重要的器官之一，发挥着排解毒素及合成某些营养素的关键作用。蜂花粉可防止脂肪在肝脏的积累，因此，能防止肝脏演变为脂肪肝，对肝脏起到了良好的保护作用。实践证明，花粉具有保护肝细胞、营养肝细胞、减轻肝细胞受损的作用，是恢复肝功能的高级营养剂，对慢性肝炎患者有良好的保健作用。在临床上，蜂花粉已经广泛应用于乙肝、黄疸性肝炎、慢性肝炎、脂肪肝等疾病的治疗，收效甚佳。

5. 调节神经系统的作用

花粉中的蛋白质、氨基酸、维生素、微量元素等对神经系统有积极的调节作用，能为脑细胞的发育和生理活动提供丰富的营养物质，促进脑细胞发育，调节和平衡神经系统，增强中枢神经系统功能，因而能改善人的精神状态，可治疗因神经系统平衡失调而引起的神经官能症、神经衰弱、神经抑郁等精神病。花粉还能提高脑细胞的兴奋性，使疲劳的脑细胞更快地恢复。因此，花粉被誉为脑力疲劳的最好恢复剂。

6. 对心血管有良好的作用

蜂花粉富含维生素 P 和黄酮类化合物等，对软化毛细血管、增强毛细血管强度、防治毛细血管通透性障碍、脑出血、高血压、静脉曲张等均有良好的效果。

由于花粉中多种有效成分功能因子（如黄酮类化合物、不饱和脂肪酸、甾醇类、维生素、活性多糖、矿物质元素、核酸等）综合作用的原因，花粉在降血脂方面具有人工合成药物无法比拟的效果，经常补充花粉或花粉制剂能够有效防治高血脂症及其引起的动脉粥样硬化、高血压、冠心病、糖尿病等疾病。医生对动脉粥样硬化患者给予蜂花粉治疗，每次 15 克，每天 3 克，连服 1 个月后，发现患者血清总胆固醇、游离脂肪酸、三酰甘油、β - 脂蛋白和白蛋白等均有明显下降，头痛、心绞痛、记忆力下降等症状普遍好转。因此，花粉可用于预防动脉粥样硬化，还可防止脑出血、高血压、视网膜出血、卒中后遗症、静脉曲张等老年病。

7. 防止前列腺病

作为天然有花植物精细胞的蜂花粉，在被公认为优秀保健品的同时，其治疗作用也获首肯，特别是它的抑制前列腺增生的药用价值更为显著，已有许多单用或复方使用蜂花粉做制剂并用于临床，如前列康片，其疗效已被证实。蜂花粉对慢性前列腺炎有显著的疗效，并能防止前列腺肥大和前列腺功能紊乱。

中医认为，决定人体强弱的关键因素是肾阳（气）。肾阳是一身之本，其在人体的盛衰规律遵从"丈夫二八肾气实，发长齿更；三八肾气盛，天癸至，精气溢泻，阴阳和，故能有子……八八天癸竭，精少肾脏衰，形体皆极，则齿发去"。说明肾气的盛衰决定着人体的强壮衰弱、寿命长短，正如明代张景岳所说："可见天之大宝，只此一丸红日；人之大宝，只此一息真阳。凡阳气不充，则生意不广，故阳唯畏其衰，阴唯畏其盛……阳来则生，阳去则死矣。"肾阳既是最为重要的，又是最易被消耗的，故其"难得而易失者唯此阳气，既失而难复者，亦唯此阳气"。因此是"阳常不足"。有人观察了340例基本健康的老人，发现其中有阳气虚的占66.8%，所以肾阳是人体生命活力之源泉，肾阳虚衰是人体衰老的最根本原因。抗衰老离不开补助肾阳，蜂花粉的抗老延年作用也是从这个角度进行的，故可视为平和有效的补益肾阳之品。

前列腺增生在中医学上属于"癃闭"范畴，"闭者小便不通，癃者小便不利"。癃闭，具体到这里指阳虚癃闭，"因其下元亏甚，遇寒则凝，遇热则通"。故此，对前列腺增生的治疗就必须从补肾阳入手。助虚弱之元阳，兴衰微之命火，汽化水液而使小便通畅，也就抑制了前列腺的增生。蜂花粉正是从这方面发挥了其温阳利水的功效，它的作用于中医经典治疗虚性癃闭的肾气丸相似，这也正是其符合中医理论之所在。

8. 促进造血功能

蜂花粉对治疗贫血有特效，早在20世纪60年代国外就有大量有关这方面的报道，主要被用作治疗缺铁、缺维生素性贫血和障碍性贫血。研究报告表明，蜂花粉有利于骨髓造血功能的改善，能加快造血组织的修复和血细胞的新生，对保证造血功能正常运转发挥着积极作用。花粉中的一种生长素还可促进生长发育，并且可使患贫血的人血红蛋白迅速增长。花粉含丰富的微量元素，如铁、钴等，因而，蜂花粉具有促进造血功能的显著功效。

9. 增强体力作用

蜂花粉含有增进和改善组织细胞氧化还原能力的物质，加快神经与肌肉之间冲动传递速度，提高反应能力。花粉是一种功效卓著的体力增强剂。运动员服用蜂花粉后，能增强体力、耐力和爆发力，增大肺活量，快速消除疲劳和保持良好的竞技状态。

10. 养颜美容作用

蜂花粉具有生发、护发和护肤的作用，并且对脸部疾患有很好的美容作用，被誉为"能内服的美容剂"，是女性最佳的天然美容保健品之一。随着年龄的增长，人颜面及皮肤上会出现老年斑，这是由人体细胞膜中的脂肪酸经过一系列生化反应形成的褐色素积累在细胞体上，从而最终形成的。蜂花粉中含有多种活性物质特别是微量元素硒，能够提高血液和组织中谷胱甘肽过氧化酶的活性，降低脂褐质的含量，促进细胞新陈代谢，最终达到美容肌肤的作用。科学研究告诉我们，饮食结构单一、营养不均衡、盲目进补及内分泌失调等是造成粉刺、雀斑及皮肤粗糙、无光泽的真正原因。常服用蜂花粉或外用含有蜂花粉成分的化妆品，可以加速新陈代谢及排毒，消除内分泌功能紊乱现象，有助于粉刺、雀斑、皮肤小皱纹的消退。花粉中含有天然的苯基丙氨酸成分，它是一种食欲抑制剂，一般化学制剂的减肥产品中含有这种物质；另外蜂花粉是低热量食品，因此蜂花粉也是很一种理想的天然减肥食品。

三、不同品种蜂花粉的功能

不同品种的蜂花粉有其共性，在提高免疫力、造血功能等诸方面均比较明显。但不同品种蜂花粉的作用也有明显差别，在食疗及适应证方面有着一定的独特之处。为了便于选用，现将十几种常见品种蜂花粉的特点和适用人群作以下介绍。

茶花花粉——营养补益

茶花蜂花粉是蜜蜂采集的山茶科植物茶树的花粉（图 3-1），呈橘红色，色、香、味俱佳（图 3-2）。茶花花粉生物黄酮类占 5.35%，香味醇厚；氨基酸含量丰富，高达 23.58%，为花粉之首；微量元素锰的含量是普通花粉的 20～30 倍，锌和铬的含量是普通花粉的 10 倍；核酸含量为 847.58 毫克/100 克，烟酸含量高达 11.7 毫克/100 克，均高于普通花粉，为美容、护肤、保健、医疗及癌症的首选花粉。茶花花粉中水溶性维生素 C、维生素 B_1、维生素 B_2 和维生素 B_5 含量分别为（毫克/克）1.345 4、1.160 4、0.116 4、0.132 6。近年医学证明，锰和铬的缺乏与动脉硬化、冠心病以及癌症发生有关，锌与机体免疫力、人的智力及衰老关系密切，烟酸对维护人体皮肤健康和神经系统功能的正常是十分重要的。

图 3-1　蜜蜂采集山茶花

图 3-2　茶花蜂花粉（黄少华　摄）

茶花花粉是一种营养和药用价值很高的蜂花粉，可提神醒脑，提高神经兴奋性，防止动脉硬化和肿瘤，对于高血压、高血脂、冠心病、免疫力低下、神经衰弱、肌肤衰老、黄褐斑、痤疮等都有很好的食疗效果，适合各种人群食用。

益母草花粉——女性调理

益母草蜂花粉是蜜蜂采集的唇形科植物益母草的花粉（图 3-3），系中草药花粉，含有比益母草植物本体更高的各种营养素和生物活性物质。能调经活血，治疗妇女月经不调等妇科疾病，具清热、活血、祛瘀生新、润肤去斑、洁面白肤的功效。既适合有月经不调等妇科疾病的妇女食疗保健，又能有效祛除妇女黄褐斑、妊娠斑。

图 3-3　益母草蜂花粉（黄少华　摄）

玉米花粉——益寿强身

玉米蜂花粉是蜜蜂采集的禾本科植物玉米的天然花粉，为淡黄色，多数为近球形或长球形，表面呈颗粒状，直径 1 毫米左右，形体较大且外壁较薄，清香、味微甜（图 3-4）。玉米蜂花粉中蛋白质含量为 22.32%，糖类含量为 24.12%，脂肪含量为 4.36%，其中，饱和脂肪酸占 20.21%，不饱和脂肪酸达到 73.83%。玉米蜂花粉中核酸含量丰富，其中 DNA 含量为 0.11 毫克 /100 克，RNA 含量为 0.45 毫克 /100 克。玉米花粉中还含有 0.89% 的黄酮类物质，含量约为 710 毫克 /100 克，黄酮类的芦丁、玉米素、肌醇明显高于其他植物花粉。维生素 E 含量也较高，为 332 毫克 /100 克；雌二醇的含量在常见的花粉中属于较高的一种，为 73 皮克 / 克；牛磺酸含量也高，达 207.7 毫克 /100 克。玉米蜂花粉中矿物质元素含量较多的是磷、钙、钾、铁等，还含有一些有特殊作用的微量元素如锌、硒等，微量元素铬高出一般花粉数倍。

玉米蜂花粉利胆消肿、褪黄、利血、利尿，并对人体肾功能扶正固本有相当的疗效，可预防治疗肾炎水肿、尿闭、胆囊炎、胆结石、黄疸型肝炎、前列腺肥大、前列腺炎，专治男性病。玉米蜂花粉还具有明显的降血压、降血脂作用，有助于增强心肌耐缺氧、耐缺血能力，改善血液循环，增强体质，抗疲劳等。长期服用能促进人体健康、延缓衰老、延年益寿。

图 3-4　玉米蜂花粉（黄少华　摄）

西瓜花粉——清糖消渴

西瓜蜂花粉是蜜蜂采集的葫芦科植物西瓜的花粉，呈咖啡色，维生素 C 和维生素 B_1 含量较高。西瓜花粉味甘性寒，有清热解毒、利尿止渴的作用；可调节神经功能，对内脏、心血管和腺体运动极有好处，并有降血脂、降血糖作用，还可保护皮肤、祛斑，养颜美容效果极佳。西瓜蜂花粉适合糖尿病患者，是水肿、肾炎浮肿、黄疸性肝炎等患者的食疗保健佳品。

油菜花粉——清血补肾

油菜蜂花粉是蜜蜂采集的十字花科植物油菜的花粉，呈黄色（图 3-5），生物类黄酮含量较高，如黄酮醇 74.10 ～ 770.5 毫克 /100 克、原花青素 227.5 ～ 485.5 毫克 /100 克，对动脉硬化、高血脂、毛细血管弹性差、脑卒中、静脉曲张性溃疡等都有很好的食疗效果。其具有降低胆固醇和抗辐射作用，特别适合高血脂患者服用，并对便秘有特效。油菜蜂花粉可用于肾气不固、腰膝酸软、尿后余沥或失禁，对慢性前列腺炎和前列腺增生症状者也有明显的食疗功效。油菜蜂花粉对前列腺疾患的治疗有效率达 90%，长期服用能补肾固本。

图 3-5 油菜蜂花粉（黄少华 摄）

芝麻花粉——滋阴润肠

芝麻蜂花粉是蜜蜂采集的胡麻科油料作物芝麻的花粉，呈咖啡色或白色，含丰富的脂肪酸、维生素、矿物质和芝麻素、芝麻油酚和磷脂等，以及丰富的脯氨酸和谷氨酸。芝麻蜂花粉可益神补脑、增加食欲、提高思维能力，改善脑神经疲劳；能润肠通便，促进新陈代谢，对便秘患者有极好的食疗效果；能止血行痢、清肿止痛，有强心作用，可作神经系统平衡剂和止痛剂。

虞美人花粉——安神止咳

虞美人蜂花粉呈黑色，对呼吸道疾病有较好的食疗效果，可用于咳嗽、支气管炎、百日咳、咽喉炎等的食疗保健。此外，虞美人花粉具有养心明目、静心安神的作用，可调节情绪，缓解压力，镇静安神，补中健体，调理肠胃，适用于失眠患者。

野菊花粉——清热解毒

野菊蜂花粉是蜜蜂采集的菊科植物野菊花的花粉，为中草药花粉，富含菊花的精华，味甘，性微寒，具有清热解毒、平肝明目，促进皮肤新陈代谢，延缓衰老，改善皮肤生理状态和功能障碍的功能。

荞麦花粉——保护血管

荞麦蜂花粉是蜜蜂采集的蓼科植物荞麦的花粉，呈暗黄色或灰绿色（图3-6），气味特异。荞麦蜂花粉中芦丁的含量较高，对毛细血管壁具有很强的保护作用，可防止流血和出血，并可减少血液凝固所需要的时间，因而，具有抗动脉硬化、增强毛细血管弹性、增强心脏收缩功能、抗炎、促进创伤组织愈合等功效；另外，芦丁含量较高，还能增强心脏的收缩，使心跳速度放慢，适用于心悸、心脑衰弱、心律不齐和毛细血管脆弱等心血管疾病患者的食疗保健。

图 3-6 荞麦蜂花粉（黄少华 摄）

苹果蜂花粉是蜜蜂采集的蔷薇科植物苹果的花粉（图 3-7），含有花粉中含量最高的维生素 A（92 310 毫克/100 克）、维生素 E（1 002.5 毫克/100 克）以及丰富的核酸、氨基酸等多种营养成分，能提高心脏收缩能力，增强心脏功能，抗脑卒中和心肌梗死，有抗衰老的作用，被称为"十全大补药"，适合心脏病患者食疗保健。

图 3-7 蜜蜂采集苹果花粉（黄少华 摄）

玫瑰蜂花粉是蜜蜂采集的蔷薇科植物玫瑰花的花粉，性平和，味微苦，色淡红，具有清除体内自由基、排解体内毒素的作用。玫瑰蜂花粉含丰富的磷脂类化合物和玫瑰的精华成分，有利尿之效，对肾结石有治疗作用，适用于女性的身体调理和养颜护肤。

荷花花粉——护肤养颜

荷花蜂花粉是蜜蜂采集的睡莲科植物荷花的花粉，呈黄色（图3-8），含有丰富的维生素B族元素，具有荷花的天然香味，淡雅清香、沁人心脾，口感甚好，可养血安神、滋阴益肾、补脾健胃、润肌护肤。荷花蜂花粉对脾胃虚弱、神疲力乏、虚烦失眠等都有很好的食疗效果。荷花花粉含17种氨基酸，其中必需氨基酸及核酸含量尤为丰富，长期服用有助于内分泌调节，促进新陈代谢，能够美容养颜、延缓衰老、固精止遗、养心安神、收涩止血、清肠排毒、美容护肤、清痣去斑，是保养滋补美容营养的佳品，适合中青年女性服用；同时，还具有很好的减肥作用。

图 3-8　荷花蜂花粉（黄少华　摄）

板栗花粉——女性调理

板栗蜂花粉是蜜蜂采集的壳斗科植物板栗花的花粉，呈黄色，味甘性温，入脾、胃、肾三经，有养胃、健脾、壮腰、强筋、活血、消肿等功效，适用于肾虚导致的腰膝酸软、腰脚不遂及外伤骨折、瘀血、肿痛、筋骨疼痛等症。板栗蜂花粉富含多种有机物质和酶类物质，是所有蜂花粉中营养成分最丰富的。含丰富的类雌性激素，有益于中老年女性特别是更年期妇女服用；其中含核酸1 695毫克/100克，生物黄酮类9.08毫克/100克，具有补血功效，能促进血液循环；减少前列腺充血，对静脉曲张也有治疗作用。

五味子花粉——保肝养胃

五味子蜂花粉是蜜蜂采集的药用植物五味子的花粉，含有比五味子植物本体更高的活性物质，能调节胃液分泌，促进胆汁分泌，增强中枢系统的兴奋性、肾上腺皮质功能和心血管系统张力。五味子花粉色泽暗黄（图3-9），口味香甜，它不仅有普通蜂花粉的丰富营养物质及功效，而且具有补肾益精、养肝明目、润肺止咳的特殊功效。它适合血气两亏、高血压、体质虚弱、视力下降、贫血、慢性肝炎、中毒性或代谢肝病及胆道系统引起的肝功能障碍等的人士服用，特别适合肾虚腰痛、遗精滑精、工作繁忙的男性食用，对降低肝炎患者的谷丙转氨酶有明显效果。

图3-9　五味子蜂花粉

向日葵花粉——降压清脂

向日葵蜂花粉是蜜蜂采集的菊科油料作物向日葵的花粉（图3-10），呈橘黄色，含有较高的维生素E（762.4毫克/100克）、维生素C（41.5毫克/100克）、维生素A（55 385毫克/100克）和胡萝卜素（55.8毫克/100克），以及丰富的以亚油酸为主的不饱和脂肪酸、氨基酸（22毫克/100克）和还原糖（46毫克/100克）。另外，向日葵蜂花粉还含有钙、镁、磷、铁、锌、硒等20多种常量元素和微量元素。向日葵蜂花粉味甘性平，淡淡的苦涩透着沁人心肺的清爽，有明显的降血压、降血脂、软化血管的作用；通经活络，常服能治愈肠胃疾病，对结肠炎有良好的辅助治疗效果。

图 3-10　向日葵蜂花粉（黄少华　摄）

党参花粉——滋补益气

党参蜂花粉是蜜蜂采集的中药植物党参的花粉（图 3-11），含党参精华，呈黄色，铁、锰、锶、锡、铬、硼等 12 种重要微量元素的含量比其他花粉高出 2～5 倍。此外，还含有丰富的花粉多糖，如阿拉伯糖、半乳糖等，具有多方面的生物活性，是非特异性免疫增强剂，能提高机体的免疫力，增强综合抗病和抗衰老等。党参蜂花粉是优质的补益类花粉，有特别的补中益气、活血健脾，辅助治疗神经衰弱、失眠、食欲不振等效用，可用于脾虚、食少、四肢无力、气短、口干、自汗、血小板减少患者的营养补充。特别适合老年人滋补，身体较虚弱、疲劳、生活不规律的人士服用效果也非常好。

图 3-11　党参蜂花粉（黄少华　摄）

桃花花粉——排毒养颜

桃花蜂花粉是蜜蜂采集的蔷薇科植物桃树的花粉（图3-12），含有山柰酚、香豆精等生物活性成分，与桃花花朵一样具有利水、活血、通便、润肤悦面的功效，因此，服用桃花蜂花粉具有排毒养颜的作用，能使人面色红润、皮肤白净，同时对妇科疾病有防治作用，是天然的美容佳品。桃花蜂花粉维生素B_1含量较高，对肠、胃、内脏、心血管和腺体运动也极有好处。

图3-12 蜜蜂采集桃花花粉

山楂花粉——清心养神

山楂蜂花粉是蜜蜂采集的蔷薇科植物山楂的花粉，生物黄酮类化合物含量丰富，有较高的医疗价值，具有健脾胃、消积滞、行结气的功能。同时，可强心降压，作强心剂，是一种神经系统平衡剂和止痛剂。还可治头痛目昏、心悸，可缓和血液循环功能紊乱，适合脾虚食积和高血压、高血脂、心脏病患者服用。

蚕豆花粉——健身减脂

蚕豆蜂花粉是蜜蜂采集的豆科植物蚕豆的花粉，除含有普通的营养成分外，还含有很高的人类生长素（8.35毫克/100克），而其他花粉含量都很低。人类生长素能促进骨、软骨和结缔组织生长，增加肌肉对氨基酸的摄取，促进蛋白质、RNA和DNA的合成，并可促进脂肪动员，增加血液中游离脂肪热量；能促进人体的生长发育，使人身体强壮、健美。

水飞蓟花粉——保护肝脏

水飞蓟蜂花粉是蜜蜂采集的系中草药植物水飞蓟的花粉，含丰富的生物黄酮，具有保护肝脏的功能，适合肝脏病患者服用。

杏花花粉——止咳清咽

杏花蜂花粉是蜜蜂采集的蔷薇科植物杏树的花粉，除含有丰富的营养成分外，还含有苦杏仁素。中医学认为杏花蜂花粉具有温中益气、止咳平喘、化痰清咽的作用，适合咳嗽、气喘、风寒感冒、胸闷的患者食疗保健服用。

松花粉——长寿养生

松花粉是生长在海拔 1 100 ～ 1 500 米山区的马尾松和油松的花粉，呈金黄色，是我国最主要的人工采集花粉（图 3-13、图 3-14）。松花粉是花粉，但不是蜂花粉。松树是长寿树种，其花粉含有长寿生命体所需的全部营养成分，包括各种蛋白质、氨基酸、矿物质、酶与核酸、黄酮、多糖等，达 200 余种，且搭配合理、营养全面、均衡补充人体所需的营养，聚集了松树的顽强生命力、长寿、抗病力强等生命特点的物质精华，是一种浓缩的完全营养品。

松花粉在中国有着源远流长的药食兼用历史，从 2 400 年前的《神农本草经》到今天的《中国药典》，各个医药典籍中都有记载，气味甘平、无毒，具有润心肺、益气、久服轻身、延年益寿等作用。

图 3-13　松苞

图3-14 松花粉

哈密瓜花粉——降脂安神

哈密瓜蜂花粉富含丰富的芦丁和黄酮类物质，内含多种不饱和脂肪酸、磷等微量元素和多种营养成分，具有降低血脂、血压和胆固醇的作用。丰富的维生素 B 是机体脂肪转化为能量的作用媒介，可以使脂肪转化为能量，得到释放，有提神醒脑、增强记忆力、提高睡眠质量等作用，是辅助学习工作之佳品，另外对失眠病人有一定疗效。

知识链接

其他品种蜂花粉的作用

刺槐花粉（洋槐花粉）：是一种健胃剂和镇静剂，可软化血管，防治高血压、动脉硬化和静脉扩张。

蒲公英花粉：有化痰、利尿、补肾、散寒之功效，并能通经活络，提神醒脑。对人体血液再生有一定的辅助作用。

枣花花粉：枣花粉含有较高的促性腺激素及维生素，能恢复正常生殖机能，防止肌肉萎缩，提高生育能力（图3-15）。

图 3-15 蜜蜂采集枣花花粉（邵有全 摄）

矢车菊花粉：有利尿、抗风湿作用。

椴树花粉：含丰富的常量元素和微量元素，有利于体内酶的合成，提高酶的活性，增强造血功能，促进生长发育，有镇静作用。

南瓜花粉：含维生素 B_1 较高，能调节自主神经正常工作。

橙子花粉（包括柑橘类和柠檬的花粉）：具有强壮身体、健胃、驱虫之效，还有镇静、安眠的作用。

柳属植物花粉、樱桃花粉：含绿原酸较高，不仅能够提高毛细血管的韧性和通性，而且能影响肾功能及通过垂体调节甲状腺功能，防止血尿，维持蛋白质、脂肪、糖三大物质的代谢平衡。是一种补药，具有镇痛和制欲作用。

百里香花粉：能加速血液循环，有轻微的催欲作用，并能明显地提高智力，还有和胸镇咳作用。它还是一种抗菌剂。

鼠尾草花粉：对人体的消化功能和肠功能均有作用，有发汗、调整月经、利尿等作用。

紫云英花粉：有化痰、益肾、散寒、通经活络、提神益智、血液再生之功效。

百花蜂花粉：也就是混合蜂花粉。目前，市场上农户散卖的多数为百花蜂花粉（图3-16）。

图3-16　百花蜂花粉（黄少华　摄）

四、食用蜂花粉的注意事项

蜂花粉虽好，但有些人如婴儿、痛风患者、花粉过敏者不宜食用。

另外，服用蜂花粉还应注意以下几点：①冲服花粉时，切不可用60℃以上的热水。②蜂花粉经过蜜蜂和人双重选择，安全无毒，早晚空腹服用效果较好。③蜂花粉是在露天生产和干燥的，未经灭菌的花粉含有大量的细菌不能服用。④蜂花粉长期存放，应密封置于冰箱内。⑤蜂花粉天然味重，可添加一些蜂蜜或牛奶调服。⑥蜂花粉不是一种特效药，其功效是逐渐释放过程，连续长期服用才能显现效果。

专题四
蜂花粉的质量控制

　　蜂花粉是一种天然的健康食品，具有丰富的营养和医疗特性，其加工和储存处理直接影响蜂花粉的质量和食用价值。卫生指标和营养物质活性是影响花粉质量的最主要因素。现行的蜂花粉国家标准（GB／T　30359—2013）对蜂花粉的质量标准进行了权威性规定。

一、蜂花粉的质量控制

蜂花粉营养丰富，在适量水分和适宜温度条件下，是多种微生物增殖的好场所。微生物的过度增殖会导致蜂花粉发霉变质，使用了变质的蜂花粉会危害人们的健康，甚至中毒身亡。蜂花粉中的水分、灰分、细菌总数、大肠菌群数、致病菌的有无、农药残留和重金属元素的含量，是控制蜂花粉质量的多项卫生指标。通过这些指标的检测可以基本了解我国蜂花粉的卫生状态。其中，卫生指标是影响花粉质量的最主要因素，其中包括微生物污染、农药污染、保存方式以及水分含量等一系列问题。如果这些问题不能很好解决，就不能保证花粉的优质，从而致使大量营养物质白白丧失。

1. 花粉采集

目前蜂农脱粉收集花粉的方法还很原始。有的用布，有的用纸，有的甚至用油毛毡垫在蜂箱下面收集花粉。特别是油毛毡有毒，上面还有纤维，会污染蜂花粉，很不卫生。应该使用无毒塑料接收盘收集花粉，以保证在第一步就把好卫生关。

2. 蜂花粉干燥

刚采集的蜂花粉相对湿度一般在 25% 左右，需进行干燥。蜂农常用的方法是将花粉直接放在阳光下暴晒，这样很容易受到污染，同时会落入大量的灰沙泥土，更重要的是在日光下，一些重要的活性物质如酶类、维生素等将受到严重的破坏。直接从蜂箱脱粉器下采集的样品，其蜂花粉活力能达到95%。因此，在晒粉时，应尽可能使用可移动的避光晒粉棚，既避免阳光暴晒，又确保干燥效果。

3. 科学检测

要用科学的手段对花粉的感官、气味、滋味、杂质、灰分、水分、纯度等多项指标进行检测，按质论价，分等级处理和存放。

4. 统一包装

使用双层无毒塑料袋或密封程度好的无毒塑料桶包装，并注明品种、产地、采集时间等。

5. 转运或处理

暂时不用的蜂花粉要经低温干燥后，通风储备或低温（−5 ℃）冷库储存，或真空充氮储存，储存期一般不要超过一年。

若能按上述方法科学生产、收购、包装、运输、储存蜂花粉，则基本上可以控制蜂花粉的质量。

二、蜂花粉的质量标准

现行的蜂花粉国家标准为2014年6月22日实施的GB/T 30359—2013。该标准对蜂花粉的定义、要求、等级、试验方法、包装、标志、储存、运输等进行了规定。摘取部分规定如下：

1. 感官要求（表 4-1）

表 4-1　蜂花粉的感官要求

项目	要求	
类别	团粒（颗粒）装蜂花粉	碎蜂花粉
色泽	呈各种蜂花粉各自固有的色泽，单一品种蜂花粉色泽见附录 A	
状态	不规则的扁圆形团粒（颗粒），无明显的砂粒、细土，无正常视力可见外来杂质，无虫蛀、无霉变	能全部通过 20 目筛的粉末，无明显的砂粒、细土，无正常视力可见外来杂质，无虫蛀、无霉变
气味	具有该品种蜂花粉特有的清香气，无异味	
滋味	具有该品种蜂花粉特有的滋味气，无异味	

2. 理化要求（表 4-2）

表 4-2　蜂花粉的等级和理化指标

项目	指标	
等级	一等品	二等品
水分（克 /100 克）	≤ 8	≤ 10
碎蜂花粉率（克 /100 克）	≤ 3	≤ 5
单一品种蜂花粉率（克 /100 克）	≥ 90	≥ 85
蛋白质（克 /100 克）	≥ 15	
脂肪（克 /100 克）	1.5 ~ 10.0	
总糖（以还原糖计）（克 /100 克）	15 ~ 50	
黄酮类化合物（以无水芦丁计）（毫克 /100 克）	≥ 400	
灰分（克 /100 克）	≤ 5	

项目	指标	
等级	一等品	二等品
酸度(以 pH 表示)	≥ 4.4	
过氧化值(以脂肪计)/(克/100 克)	≤ 0.08	

注：如果是碎蜂花粉，则碎蜂花粉率不作要求。

三、蜂花粉的干燥

蜜蜂采集的新鲜花粉，含水量较高，通常在 20% ～ 30%。新鲜蜂花粉营养丰富，给各种微生物的繁殖提供了极好的条件，如不进行干燥处理，在适当的温度条件下，花粉中的微生物就成倍数增殖。蜜蜂采集的新鲜花粉中也经常混入一些害虫的卵，在适当条件下，虫卵孵化成幼虫，会将花粉蛀空。因此，新鲜的蜂花粉必须经过充分的干燥处理，使其含水量降低至 6% 以下才有利于储存。要长期储存，蜂花粉的含水量在 2% ～ 3% 以下最好。花粉的目的是防止霉变。

蜂花粉的干燥是花粉生产中最重要的一环，它直接影响到蜂花粉的质量和食用价值。干燥蜂花粉应在收集蜂花粉后尽快进行，否则细菌会很快增殖。花粉必须低温或室温干燥。高温（120 ℃）干燥要求时间不超过 90 分，否则会破坏花粉中含有的有效成分，降低其使用价值。花粉干燥过程中，要避免杂质的掺入和有毒、有害物质的污染。

常用易行的蜂花粉的干燥方法：

1. 日光干燥

将蜂花粉置于日光下暴晒,这种方法简单、易行,不受条件限制(图4-1)是采用最广泛的方法,但此法非常简单地直接将蜂花粉放在阳光下暴晒,在暴晒过程中蜂花粉的有效成分损失太多,易沾上灰尘与杂质,难以保证花粉质量,故日光干燥通常是把一块白布或一张厚白纸放在有太阳光的晒场,再把新鲜蜂花粉均匀铺在上面,厚度约1厘米,花粉上再盖上一块白布或白纸。晒1天后,等花粉稍凉,装入无毒塑料袋,扎紧袋口,密封保存,以防止花粉受潮。以后用同法再次干燥,至花粉含水量达6%以下时过筛,用双层无毒塑料袋包装。

图4-1 晾晒花粉(张旭凤 摄)

2. 通风干燥

阴雨天,可采用阴干的方法干燥蜂花粉。具体方法是:在通风干燥、气温较高的室内,把一块洁净的布或厚纸铺在桌面上,然后在上面铺一层不超过1厘米厚的新鲜花粉,任其慢慢干燥,注意不要让蝇虫污染花粉。但这种方法只能保持花粉不变质。如果有强通风设备,鼓进热风,同样可达到干燥的要求。在强通风干燥过程中,对保存胡萝卜素最有利的温度是

100～120 ℃，这样的温度会很快使酶失效。若在较低温度（低于 70 ℃）下，干燥过程中酶会破坏生理活性物质。

3. 电热干燥

利用恒温箱（图 4-2）电热干燥花粉的方法较好。将恒温箱温度控制在 45 ℃以下，通风干燥。

图 4-2　进口电热花粉干燥器

4. 冷冻、真空干燥

冷冻、真空干燥速度快，效率高，有效成分损失少，但使用设备昂贵，技术复杂。真空干燥有利于氨基酸的保存。

5. 远红外干燥

远红外干燥是热传导、对流和辐射三种方式中强化辐射传热的一门技术。辐射传热是电磁波形式传递，热效率较高。远红外干燥花粉既提高了干燥效率，又具有一定的杀菌作用。远红外干燥花粉，其含水量可达 6% 以下，符合标准要求。红外线持续干燥会使花粉上层变成棕褐色，这是糖焦化的结果。

四、蜂花粉的灭菌

蜂花粉是由蜜蜂在露天环境里由花上将花粉采回蜂箱，蜂农用脱粉器将花粉收集，花粉难免会感染上各种微生物，因此蜂花粉带有微生物是自然的，不可避免。还有许多有害昆虫，如印度谷螟等，它所产的卵也于花粉相混在一起，在一定温、湿度下，会孵化出它的幼虫，蛀食花粉。为了确保花粉不受害虫蛀食，对其杀虫灭菌是必需的。花粉灭菌所采用的方法有乙醇灭菌、紫外线灭菌、60℃辐照灭菌及微波灭菌等。

微波灭菌是利用物质在微波炉腔内与微波场相互作用，吸收微波能转化为热能，使物质温度上升达到加热、干燥、灭菌的目的。微波灭菌，具有清洁、安全、迅速和方便易操作等优点。把牛皮纸铺放在微波炉的托盘上，再摊放花粉，由中心向外均匀增厚，最外缘与中心厚度之比近于 3：1。花粉摊好后，使用大功率定时灭菌 30 秒。停机后，用玻棒翻动花粉散热 2 分；将花粉摊好，再处理 30 秒，散热 4 分；处理第三次，待花粉温度降到 30 ℃以后即可装袋密封保存。微波炉处理时间不宜过长，否则花粉会被烧焦炭化。在气温高或长时间连续处理时，由于托盘的温度过高，不易散热，故间隔散热的时间要相应延长。托盘必须垫牛皮纸，处理过程中花粉不可以加盖玻璃器皿，否则花粉容易焦煳炭化。

五、蜂花粉的灭虫卵

除了灭菌消毒及干燥处理外，灭害虫也是很重要的一环。新鲜蜂花粉，除了含有各种微生物外，还混杂有各种小昆虫的卵，例如印度谷螟、蜡螟等。蜂花粉含水量低，害虫的羽化率较低。可将干燥后的蜂花粉保存于 6~7 ℃的环境下，以达到长期保存的目的。另外，蜂花粉在 –10 ℃冷冻 4 小时以上，对杀虫卵是有效的。

六、蜂花粉的储存

蜂花粉的合理储存能够防止花粉变质，还能减少花粉有效成分的损失。蜂花粉经干燥、灭虫卵、灭菌后，最好储存在低温环境下。一般包装的蜂花粉应储存在 0～5 ℃的冷库中。无低温冷藏条件者，可用二氧化碳（CO_2）

或氮气（N_2）充气储存。将蜂花粉干燥将水分降至 5% ～ 6% 后，放入双层塑料袋充氮气或二氧化碳后密封保存。在无低温、无充气条件下，可采取临时应急措施，首先要将花粉干燥至含水量小于 5%，然后再装入有内盖外盖的塑料瓶（图 4-3）或封口袋（图 4-4）中双重半封闭，置于通风干燥处储存。放置半年不会变质，但存放更长时间易长虫。

图 4-3　塑料瓶包装蜂花粉

图 4-4　铝箔封口袋包装

实验证明，花粉经干燥使水分降到 6% 以下，然后放入 -20 ～ -10 ℃冷库中储存，这样的低温条件储存可保证花粉 3 ～ 4 年不变质，且对花粉的营养成分损失最小。但蜂花粉中的各种成分会随时间的延长发生一系列的变化。其中，维生素的变化较大，而蛋白质、氨基酸、微量元素的含量变化甚微。

七、关于花粉破壁

花粉是被子植物有性生殖中的雄配子体，在雄蕊花药的花粉囊内产生，是一些有细小粉状的颗粒。花粉粒的壁称为孢壁，外壁的主要成分是纤维素和孢粉素。外壁较厚，硬而缺乏弹性。花粉粒的外壁是非常稳定的物质，对酸和碱都有一定的抵抗力。此外，花粉粒很细小，大多数植物的花粉粒直径在 15～50 微米，这样细小的粒子一般的研磨器械很难将它们磨碎。蜜蜂能够消化花粉，哺乳动物同样也可以消化花粉。实验证明，破壁或不破壁对花粉中氨基酸的吸收没有明显影响，小鼠的消化系统至少能从花粉中吸收 80% 的蛋白质。

在动物消化道中，花粉要经过唾液、胃液和肠液一系列的长时间连续消化过程。在胃中的酸性环境及胃蛋白酶等的消化作用下，原形花粉的萌发孔会开放，使内容物释放出来。破壁花粉的成分吸收比原形花粉的吸收要快些，但随着消化时间的延长，差距消失。这也是破壁花粉与原形花粉吸收率没有明显差别的原因。阳小兰等选取了 6 种常用花粉（玉米花粉、油菜花粉、荷花花粉、荞麦花粉、芝麻花粉、茶花花粉）进行了人体直接食用和体外模拟人体消化实验，结果显示花粉不需破壁即可被人体消化，消化率在 90% 以上，且服用者普遍反映，服用花粉后精力充沛，大便通畅；并建议人体保健花粉的最佳用量为 5～10 克 / 天。

蜂花粉破壁后各种成分不再处于天然状态，不利于成分的保存。作为商品化的蜂花粉，要具有一定的稳定性，不能失效，更不能变质。因此，花粉最好不破壁，其稳定性最佳。

八、蜂花粉的安全性

关于蜂花粉，人们会有这样的担心：吃了蜂花粉会不会引起慢性中毒，会不会引起畸变或发生过敏反应，尤其是花粉"过敏症"。

1. 蜂花粉的过敏反应

过敏是一种变态反应，是指机体在接受某种物质刺激后，机体对该种抗原的敏感性增高，当再次接受同样抗原时，所表现出来的一种异常反应。如先给动物注射小量异种蛋白，经过一定的潜伏期后，动物即建立了敏感状态。当第二次使用较大量的相同抗原予以注射时，该动物可以产生严重的过敏性休克症状。过敏反应具有严格的特异性，只有在注入同一致敏原时才能产生。

研究者曾选用变态反应比较敏感、症状比较典型的健康成年豚鼠作为实验动物，进行三批观察，雌雄均可。第一批实验观察油菜花粉的致敏作用，第二批实验观察四合一花粉（油菜花粉、玉米花粉、向日葵花粉、蒲黄花粉）的致敏作用。第三批观察参芪花粉的致敏作用。各批均未出现兴奋、不安、咳嗽、抓鼻、耸毛、惊厥、精神萎靡、干呕、呼吸困难、大小便失禁、寒战、痉挛、休克、死亡等症状。在三批的几十只豚鼠中，均未出现过敏现象，这足以说明，蜂花粉不产生过敏现象。

目前，国内外生产的花粉食品或药品，多数是经过特殊加工，有的花粉药品是经过脱敏处理的。对大多数消费者来说，蜂花粉不会引起过敏反应。一般有蜂花粉过敏的患者都是有花粉症史者，或兼对其他普通食物也有过敏史者。所以担心蜂花粉过敏是不必要的。

2. 蜂花粉的致畸观察

长期服用蜂花粉，能否会引起致畸作用，这也是衡量蜂花粉的安全性之一。以中国农业科学院蜜蜂研究所提供的蜂花粉作为实验材料，经北京医科大学管正学等人的实验观察，蜂花粉不引起致畸作用，蜂花粉不影响成年小鼠生育，不影响子鼠生长发育；阴性对照组、花粉组子鼠的外观、内脏、骨骼畸形数都没有显著性差异（$P > 0.05$）。

3. 蜂花粉急性、亚急性毒性观察

急性毒性观察，选用三批成年雄性小鼠，体重 18 克 ±2 克。分别将5 克／千克、10 克／千克、20 克／千克及 40 克／千克油菜花粉制剂或四合花粉（油菜花粉、玉米花粉、葵花花粉、蒲黄花粉）0.2 毫升灌入胃中，观察 48 小时内动物死亡数，结果表明，全部实验动物在 48 小时内无一死亡，动物 100% 存活。

亚急性毒性观察，选用成年雌性健康大白鼠作为实验对象，进行两批实验，第一批动物体重为 250 克 ±20 克；第二批为 160 克 ±10 克，动物每天由胃灌入油菜花粉或四合一花粉 2 毫升（0.25 克／毫升），连续观察28～30 天。记录动物体重变化和生长状况，每周称重 3 次。整个实验期间，动物无异常现象出现，增重正常无差异。

浙江省医学科学院药物所的油菜花粉对大鼠及犬的亚急性毒性观察实验表明，服药期间动物健康状况良好，活动正常，心电图未见异常，各组间血象、肝肾功能未见差异。脏器的病理学检查结果，亦无明显的形态学改变。

由此可知，蜂花粉对机体无急性及亚急性毒性作用。通过实验推算，折合成年人（按体重平均 50 千克计算）每天服用蜂花粉 1 250～2 000 克也不会出现急性毒性反应；亚急性毒性实验看出，折合成年人每天口服蜂花粉 1 000 克，连续服用 30 天也不会出现慢性中毒现象。

■ 主要参考文献

[1] 崔学沛，吴小波，刘锋，等．不同产地荷花花粉与玉米花粉营养成分及含量分析 [J]. 山东农业科学，2014，46(11)：124-128.

[2] 董文滨，吴小波，刘锋，等．不同产地油菜花粉、茶花粉中氨基酸、脂肪酸和矿物质成分 [J]. 中国蜂业，2013，64：50-54.

[3] 李翠翠，任洪涛，周婷婷，等．花粉活性成分及其生理功能的研究 [J]. 饲料广角，2015(11)：36-38.

[4] 李红兵，米佳，张林锁，等．不同花粉多酚类物质组成比较 [J]. 食品研究与开发，2015，36（20）：111-114.

[5] 覃丽禄，刘莹莹，张露．高真空扫描电镜低电压条件下花粉的显微组织研究 [J]. 分析仪器，2014,4：69-71.

[6] 彭文君，石艳丽．蜂花粉与人类健康 [M]. 北京：中国农业出版社 .2014.

[7] 任顺成，查磊．玉米花粉黄酮类的精制及其质谱分析 [J]. 河南工业大学学报（自然科学版),2010,31(4)：1-4.

[8] 王丹丹，耿越．花粉活性天然产物的研究进展 [J]. 中国蜂业，2015，66：20-24.

[9] 王艳敏．蜂花粉中有效成分的提取及功能性研究．硕士学位论文，南昌大学，2010.

[10] 杨开，何晋浙，胡君荣，等．12 种花粉中 20 种常量和微量元素的 ICP-AES 法测定 [J]. 中国食品学报，2010, 01(3)：227-232.

[11] 张国云，张雯婷，姚娟妮，等．不同处理条件下几种松树花粉的扫描电镜观察 [J]. 电子显微学报 ,2016,35(1)：49-52.